ZEITSCHRIFT FÜR ANGEWANDTE GEOLOGIE

HERAUSGEGEBEN VON

DER STAATLICHEN GEOLOGISCHEN KOMMISSION

UND DER ZENTRALEN VORRATSKOMMISSION

DER DEUTSCHEN DEMOKRATISCHEN REPUBLIK

AUS DEM INHALT

AKADEMIE-VERLAG · BERLIN

BAND 5 / HEFT 4
APRIL 1959
SEITE 145—192

INHALT

Die ZEITSCHRIFT FÜR ANGEWANDTE GEOLOGIE berichtet ständig ausführlich über folgende Arbeitsgebiete: Geologische Grundlagenforschung und Lagerstättenforschung / Methodik der geologischen Erkundung / Ökonomie und Planung der geologischen Erkundung / Technik der geologischen Erkundung / Geologie und Lagerstättenkunde im Ausland / Bibliographie, Verordnungen, Richtlinien, Konferenzen, Personalnachrichten

Die ZEITSCHRIFT FÜR ANGEWANDTE GEOLOGIE ist kein Organ einer engen Fachgruppe. Auf ihren Seiten können alle strittigen Fragen der praktischen Geologie behandelt werden. Die Autoren übernehmen für ihre Aufsätze die übliche Verantwortung

Herausgeber: Staatliche Geologische Kommission und Zentrale Vorratskommission für mineralische Rohstoffe der Deutschen Demokratischen Republik. Chefredakteur: Prof. Dr. Erich Lange, Berlin. Redaktion: Berlin N 4, Invalidenstraße 44. Verlag: Akademie-Verlag GmbH, Berlin W8, Mohrenstraße 39 (Fernsprecher 200386, Postscheckkonto: Berlin 35021). Bestell- und Verlagsnummer des Heftes: 1047/5/4. Die „Zeitschrift für angewandte Geologie“ erscheint monatlich. Bezugspreis 2,— DM je Heft. — Satz und Druck: Druckhaus „Maxim Gorki“, Altenburg. Veröffentlicht unter der Lizenznummer ZLN 5008 des Ministeriums für Kultur, Hauptverwaltung Verlagswesen. Karten: MdI der DDR Nr. 4653 / K 11. Printed in Germany

ZEITSCHRIFT FÜR ANGEWANDTE GEOLOGIE

CHEFREDAKTEUR: PROF. DR. E. LANGE

BAND 5 · APRIL 1959 HEFT 4

I. Internationales Kolloquium über Fragen der Vorratsklassifikation vom 27. bis 29. Januar 1959 in Berlin

Seit 1957 verstärkten sich die Bemühungen der Lagerstättenfachleute, die Fragen der Klassifizierung von Lagerstättenvorräten zu diskutieren. So trafen sich im Herbst 1957 in Clausthal (Deutsche Bundesrepublik) Vertreter aus beiden Teilen Deutschlands und Österreichs auf Einladung des Lagerstättenausschusses der Gesellschaft Deutscher Metallhütten- und Bergleute (GDMB) zu einer Diskussionstagung über Probleme der Vorratsklassifikation. Auf dieser Beratung wurden die verschiedenen Klassifikationen der kapitalistischen und sozialistischen Länder erörtert und der Versuch unternommen, eine eventuelle Vergleichsmöglichkeit zu schaffen. Die Beratungen wurden dann im Oktober 1958 in Leipzig fortgeführt.

Auch im sozialistischen Lager wurde an der Verbesserung der schon mehrere Jahre für verbindlich erklärten Vorratsklassifikationen gearbeitet. Im Rahmen des RgW (Rat für gegenseitige Wirtschaftshilfe) wurde im Juli 1957 in Moskau eine Beratung abgehalten, an der Vertreter der Vorratskommissionen der europäischen sozialistischen Länder teilnahmen. Die Fachexperten gaben Informationen über die in ihren Ländern geltenden Einteilungsprinzipien der Vorräte mineralischer Rohstoffe und unterbreiteten dem Rat eine Reihe von Vorschlägen zur Abfassung einer einheitlichen Vorratsklassifikation für die sozialistischen Staaten.

Aus diesen Beratungen in Ost und West wurde wiederholt der Wunsch geäußert, daß einmal an einem geeigneten Ort eine gemeinsame Aussprache stattfinden möge mit dem Ziel, Grundsatzfragen zu diskutieren und eine Annäherung der Standpunkte herbeizuführen.

Die Zentrale Vorratskommission für mineralische Rohstoffe der Deutschen Demokratischen Republik und die Staatliche Geologische Kommission der Deutschen Demokratischen Republik luden zum I. Internationalen Kolloquium über Fragen der Vorratsklassifikation vom 27. bis 29. Januar 1959 nach Berlin ein. Der Einladung folgten 37 namhafte Vertreter der praktischen Geologie, Lagerstättenforscher und Vorratsfachleute aus 10 Ländern. Neben zahlreichen Vertretern aus der DDR nahmen hervorragende Wissenschaftler und Praktiker aus der Sowjetunion, Volkspolen, Tschechoslowakei, Ungarn, Rumänien, Bulgarien, Frankreich und der Deutschen Bundesrepublik teil, unter ihnen der Leiter der Staatlichen Vorratskommission beim Ministerrat der UdSSR, Dr. MALISCHEW (Moskau), der Generalsekretär des Bureau d'Etudes Geologiques & Miniéres Coloniales, Prof. Dr. LOMBARD (Paris), der Leiter der Staatlichen Vorratskommission Volkspolens, mgr.-ing. JANISCHEWSKI (Warschau), und der Leiter des Geologischen Zentralamtes, mgr.-ing. MROSOWSKI (Warschau), der Leiter der Staatlichen Vorratskommission der ČSR, Ing. SMETANA (Prag), der Leiter des Ungarischen Geologischen Zentralamtes, BENCÖ (Budapest), der Leiter der Bulgarischen Staatlichen Vorratskommission, Dipl.-Geol. SACHARIEFF (Sofia), von der Rumänischen Staatlichen Vorratskommission Dipl.-Geol. GURĂU (Bukarest), Dr.-Ing. JAHNS (Essen), Dr. HESEMANN (Krefeld), außerdem die Herren Prof. Dr.-Ing. OELSNER (Freiberg), Prof. Dr.-Ing. DONATH (West-Berlin) u. a.

Der Leiter der Staatlichen Geologischen Kommission der Deutschen Demokratischen Republik, Dipl.-Berging. Geologe STAMMBERGER, begrüßte am 27. Januar 1959 die Teilnehmer im Auftrage der Zentralen Vorratskommission und der Staatlichen Geologischen Kommission und eröffnete das I. Internationale Kolloquium, das im Hotel „Johannishof" stattfand. In seinen Begrüßungsworten unterstrich er den Arbeitscharakter der Tagung (aus diesem Grunde wurde auch nur ein kleiner Teilnehmerkreis eingeladen) sowie die Bedeutung dieser ersten internationalen Fachberatung, die berufene Fachleute nach Berlin geführt habe, Fachleute

Dr. MALISCHEW im Gespräch mit Dipl.-Berging. Geol. STAMMBERGER

aus der Erkundung, die die Vorräte berechnen, und Fachleute aus den Vorratskommissionen, die die Vorräte bestätigen. Das Ziel der Beratung sei der Erfahrungsaustausch und das Bestreben, die bisher erreichten Standpunkte einander zu nähern und vielleicht eine einheitliche Meinung herauszuarbeiten. Herr STAMMBERGER wünschte allen Teilnehmern einen angenehmen Aufenthalt in der Hauptstadt der Deutschen Demokratischen Republik, Berlin, und ein herzliches „Glück auf" für den Verlauf der drei Kolloquiumstage.

Im Mittelpunkt der Beratungen am 1. Tag standen Grundfragen der Klassifikation von Lagerstättenvorräten.

In seinem einleitenden Referat („Grundsätzliches zur Klassifikation von Lagerstättenvorräten") stellte Dipl.-Berging. Geologe STAMMBERGER (Berlin) zuerst einige Begriffsbestimmungen heraus wie „Vorrat", „Ressourcen", „Reserven", „Bauwürdigkeit", „Vorratsgruppe", „Vorratsklasse". In neun Thesen gab er eine Diskussionsgrundlage und setzte sich vor allem mit den Ansichten der westdeutschen Lagerstättengeologen auseinander. Zusammenfassend teilte er mit, daß bei der Klassifikation von Mineralvorräten stets vom „komplexen Begriff des Vorrates" auszugehen ist und daß die Erkundung und spätere Einteilung der Vorräte Richtwerte voraussetzt, so z. B. Grenzwerte für Gehalte, Mächtigkeit, schädliche Beimengungen u. a. Lagerstättenparameter. Er schlug vor, die Vorratsgruppe der prognostischen Vorräte einzuführen und als Ressourcen die Summe der Bilanzvorräte, Außerbilanzvorräte und prognostischen Vorräte anzusehen. Er sprach sich gegen den Vorschlag von BLONDEL & LASKY aus, zwei Klassifikationen einzuführen. STAMMBERGER empfahl die Einteilung der Vorräte in 5 bis 6 Vorratsklassen, die mit Indexen zu bezeichnen seien, wobei diese Indexe gegebenenfalls durch Adjektiva erläutert werden könnten. Als Kriterium für die Klassenzuteilung wurde nochmals die Gesamtheit aller geologischen und rohstofflichen Kenntnisse über die Vorräte herausgestellt.

Die Leitung der Diskussion übernahm dankenswerterweise Herr Dr. HESEMANN (Krefeld). Es wurden zu diesem Tagesordnungspunkt 103 Diskussionsbeiträge oder -bemerkungen gegeben. Es ergaben sich sehr unterschiedliche Auffassungen. So teilte Dr. MALISCHEW (Moskau) mit, daß in der Sowjetunion in die staatliche Vorratsbilanz die Ressourcen aufgenommen werden und daß darunter nur berechnete Vorräte zählen. Die sogenannten prognostischen Vorräte werden nicht mit in der Staatsbilanz geführt und auch nicht bestätigt. Sie bilden jedoch die Grundlage für Aufwendungen zur geologischen Erkundung.

Die Einführung von prognostischen Vorräten wurde allgemein befürwortet, wobei jedoch unterschiedliche Auffassungen über die Einstufung als Vorratsgruppe oder Vorratsklasse auftraten. Die polnischen, ungarischen, rumänischen und sowjetischen Fachleute sprachen sich für die Einstufung der prognostischen Vorräte als Vorratsklasse aus, während der Standpunkt der DDR-Geologen von F. STAMMBERGER vorgetragen wurde, die prognostischen Vorräte in einer besonderen Vorratsgruppe zu führen, da sie sich grundsätzlich von den Bilanz- und Außerbilanzvorräten unterscheiden (Bilanzvorräte und Außerbilanzvorräte sind berechnet, prognostische Vorräte nur geschätzt) und außerdem in der Perspektive eventuell in verschiedene Klassen zu unterteilen seien (z. B. nach der Möglichkeit, Ersatzrohstoff zu sein; nach der Teufenlage usw.).

Bei der Einteilung der Vorräte in die Vorratsklassen wurde von den polnischen Fachkollegen der Vorschlag unterbreitet, 5 Vorratsklassen einzuführen, und zwar A, B, C_1, C_2 und D. Diesem Vorschlag schlossen sich auch die Vertreter Rumäniens, der ČSR, Ungarns und Bulgariens an. Die sowjetischen Geologen sind ebenfalls der Ansicht, daß die beiden Vorratsklassen A_1 und A_2 zur Vorratsklasse A zusammengefaßt werden sollten.

In der sehr lebhaften und kritischen Diskussion waren für alle Teilnehmer immer wieder die Ausführungen von Dr. MALISCHEW (Moskau) besonders interessant, der an Hand zahlreicher Beispiele aus der Arbeit der sowjetischen Vorratskommission berichtete.

Dr. VOGEL (Berlin) unternahm den Versuch, die „geologische" Klassifikation mit den bergbaulichen (betrieblichen) Belangen zu verknüpfen und unterbreitete den Anwesenden einen neuen Klassifikationsentwurf.

Die westdeutschen Teilnehmer, besonders Dr.-Ing. JAHNS (Essen) und Dr. HESEMANN (Krefeld) präzisierten noch einmal den Standpunkt der westdeutschen Geologen und Lagerstättenforscher und sprachen sich für die schrittweise Unterteilung der Lagerstättenvorräte aus. Nach der Voreinteilung in die Vorratsgruppen I (bergbauliche oder derzeit nutzbare Vorräte) und II (potentielle Vorräte, die in Zukunft für eine Nutzung in Frage kommen können), deren Abgrenzung durch feste Grenzwerte erfolgen soll, erfolgt die geologische Beurteilung der Vorräte und die Unterteilung der o. a. Vorratsgruppen nach dem Vorhandensein in die Vorratsklassen A, B, C_1 und C_2 sowie a, b, c_1, c_2 und d. Die Buchstabenbezeichnungen werden hierbei noch durch Adjektiva wie „sicher", „wahrscheinlich", „vermutet" u. a. ergänzt.

Der 2. Beratungstag des Kolloquiums galt der Frage der Toleranzen bei Vorratszahlen. Dipl.-Berging.-Geologe STAMMBERGER (Berlin) leitete die Diskussion.

Prof. Dr.-Ing. O. OELSNER (Freiberg) hielt einleitend ein Kurzreferat über „Möglichkeiten zur exakten Festlegung von Toleranzwerten für die einzelnen Vorratsklassen". In den Ausführungen wurden die wichtigsten Vorschläge und Hinweise, die bereits in dem Aufsatz „Zur Methodik der geologischen Erkundung in Abhängigkeit von den Lagerstättentypen"[1]) veröffentlicht wurden, erläutert und begründet. Um Toleranzen zu erhalten, wurden zwei Möglichkeiten vorgeschlagen:

1. Für jeden Vorratsblock werden aus dem Vergleich zwischen Berechnung der Vorräte und dem Abbauerfolg Toleranzen festgelegt.

2. Bei Lagerstätten bzw. Lagerstättentypen werden Toleranzen für jede Vorratsklasse angegeben, die auf Erfahrungswerten beruhen.

Dr.-Ing. JAHNS (Essen) erläuterte in einem umfangreichen Diskussionsbeitrag die Grundlagen der Anwendung von mathematisch-statistischen Verfahren für die Berechnung der Genauigkeit von Vorratsangaben.

In den folgenden Ausführungen untersuchte Dr. JAHNS dann, inwieweit man brauchbare Werte auch dann noch erhält, wenn die geologischen Fehleranteile geschätzt werden. Auf diese Weise beinhaltet die Gesamtaussagesicherheit bei Vorratsangaben sowohl die mathematische als auch die geologische Aussagesicherheit.

Auf die mathematische Behandlung von Untersuchungsergebnissen eingehend, begründete Dr.-Ing. BINTIG (Berlin) die Notwendigkeit, die statistischen Verfahren dem Charakter des Untersuchungsobjektes anzupassen und zeigte, daß die gewöhnlichen statistischen Methoden für die mathematische Behandlung von Probenwerten aus der Lagerstätte nicht ausreichen. Es treten meist Mischkollektive aus nichtnormalen Verteilungen auf, in denen außerdem die Reihenfolge der Werte nicht mehr zufällig ist.

Im Hinblick auf die Fehlerbestimmung empfahl Dr. BINTIG, für alle Toleranzwerte von einer einseitigen statistischen Fragestellung auszugehen und nur die Minustoleranzen festzulegen. Daraus ergibt sich eine Verringerung der Anzahl der für die Einhaltung einer bestimmten Toleranz notwendigen Erkundungsdaten.

Ferner schlug er vor, bei der Festlegung von Zahlenwerten für die Toleranzen von dem jeweils für die einzelnen Klassen charakteristischen „Aufwandsrisiko" auszugehen und diese Zahlenwerte von Geologen und Ökonomen gemeinsam festlegen zu lassen.

Zahlreiche Fachleute sprachen sich gegen die Einführung von Toleranzen aus. Zum Beispiel ist nach Dipl.-Ing. STAMMBERGER heute die Anwendung von Toleranzen verfrüht und für C_2-Vorräte sind sie nicht notwendig, da auf diese Vorräte nicht investiert wird.

Dr. MALISCHEW (Moskau) begründete seine Ablehnung von Toleranzen u. a. damit, daß Schächte mit zu kleiner Kapazität projektiert wurden.

Dipl.-Geol. VANACEK (ČSR) teilte mit, daß ihre Klassifikation von 1956 keine Toleranzen mehr enthält, da diese zu Übererkundungen und anderen Fehlern geführt haben.

Das Problem der Toleranzen war Gegenstand von mehr als 36 Diskussionsbeiträgen. Auch hier konnte kein einheitlicher Standpunkt herausgearbeitet werden, obgleich sich

[1]) O. OELSNER, Freiberg, veröff. „Z. angew. Geol.", Bd. 4, 7 (1958).

Ing. SMETANA (links) und Dipl.-Geol. VANACEK während der Konferenzpause zusammen mit Prof. Dr. KAUTZSCH

die Mehrheit der Experten (besonders aus den sozialistischen Ländern) gegen die Anwendung von Toleranzen aussprach.

Am Abend des 2. Kolloquiumstages besuchten die Gäste die wiederaufgebaute Deutsche Staatsoper und wohnten der Aufführung von Tschaikowskys Oper „Eugen Onegin" bei.

Am 3. Kolloquiumstag (29. Januar) wurden ökonomische Probleme behandelt. Es war vorgesehen, daß darüber der Direktor des Bureau d'Etudes Geologiques & Minières, Prof. Dr. BLONDEL (Paris), sprechen sollte. Leider war Prof. Dr. BLONDEL aus gesundheitlichen Gründen verhindert, an dem Kolloquium teilzunehmen.

Seinen Vortrag übernahm dankenswerterweise Prof. Dr. LOMBARD (Paris), der über „Die Beziehungen zwischen nachgewiesenen Vorratsmengen, Investitionsaufwand und ökonomischem Nutzeffekt" eine Diskussionsgrundlage gab. Prof. LOMBARD ging bei seinen Betrachtungen von den Ausführungen BLONDELs aus, die dieser im September 1957 auf der Hauptversammlung der GDMB in Westberlin gemacht hatte, und führte aus, daß die Erkundungsarbeiten auf einer Lagerstätte nur soweit getrieben zu werden brauchen, bis man ungefähr den „optimalen Rhythmus" des späteren Abbaus festgestellt hat. Es muß ein bestimmtes Minimum an Vorräten vorliegen, wobei dieses Minimum nicht mit Toleranzen behaftet sein darf. Die Beziehungen zwischen der nachgewiesenen Vorratsmenge (R) und dem sich daraus ergebenden Gesamtnutzen (B) wurden an Hand von Diagrammen und Formeln dargestellt. Prof. Dr. LOMBARD führte aus, daß die Grundformel $B(N) = b_0R - (a_1N + c_0R\,\alpha\,(N\,r) + c_1\,N\,\alpha\,(N, r)$ Gültigkeit für alle Länder unabhängig von der Wirtschaftsform besitze. Am Schluß seiner Ausführungen wies der Vortragende noch auf die Notwendigkeiten hin, mehr und mehr statistische Methoden bei der Vorratsberechnung einzuführen, um maximale Sicherheiten und ein Minimum an geologischen Erkundungsaufwendungen zu gewährleisten.

In der Diskussion, die von Prof. Dr.-Ing. OELSNER geleitet wurde, verwies Prof. Dr. KAUTZSCH (Berlin) auf eine ähnliche Wertformel, die der sowjetische Lagerstättenforscher POSHARIZKI vorgeschlagen hat und empfahl, unter c_0 die geologischen Erkundungskosten mit zu erfassen und nicht nur wie BLONDEL die Investitionen je Tonne Rohstoff.

Dipl.-Berging. Geologe STAMMBERGER kritisierte die von BLONDEL vorgeschlagene Grundformel und vertrat die Ansicht, daß man sie in der sozialistischen Praxis nicht anwenden kann. Er verwies auf die Methode der Varianten, nach der die beste Methode der rationellen Lagerstättenausnutzung ermittelt wird, die der Volkswirtschaft den größten Nutzen einbringt. STAMMBERGER stellte den besonderen Charakter des Begriffes „volkswirtschaftlicher Nutzen" im sozialistischen Lager heraus. Auch Dr. MALISCHEW vertrat die Ansicht, daß die o. a. Grundformel bestenfalls für kapitalistische Länder Gültigkeit habe. Die optimalen Ausmaße der Betriebe in der Sowjetunion werden nach der Methode der Varianten ermittelt. Zu den Ansichten von POSHARIZKI erklärte MALISCHEW, daß die Mehrheit der sowjetischen Geologen mit diesen Ansichten nicht einverstanden ist. Dipl.-Min. ULBRICH (Berlin) sprach sich gegen eine generelle Ablehnung der von Prof. LOMBARD vorgetragenen Grundformel aus und unterbreitete den Vorschlag, eine ähnliche Formel für den volkswirtschaftlichen Nutzen in den sozialistischen Ländern zu erarbeiten, da die Methode der Varianten zur Bestimmung des optimalen Ausmaßes der Betriebe und Anlagen für die Projektierungsbüros sehr zeitraubend und kostspielig sei.

Am Schluß der Diskussion dankte Prof. Dr.-Ing. OELSNER allen Diskussionsteilnehmern und sprach den Gastgebern herzliche Worte des Dankes für die gute Organisation, Unterbringung und Betreuung aus.

Am Nachmittag des letzten Beratungstages fand eine Stadtrundfahrt durch den demokratischen Teil der Hauptstadt Deutschlands statt.

Am Abend des Abschlusses des Kolloquiums fand im Hotel „Johannishof" (Grünes Restaurant) ein zwangloses Beisammensein aller Teilnehmer statt, zu dem der Leiter der Staatlichen Geologischen Kommission, Herr STAMMBERGER, eingeladen hatte. Auch wissenschaftliche Mitarbeiter des Zentralen Geologischen Dienstes wohnten als Gäste dieser Veranstaltung bei. In zahlreichen Trinksprüchen wurden die Verbundenheit der anwesenden Wissenschaftler und Praktiker aus Ost und West und die engen freundschaftlichen Beziehungen in friedlicher Zusammenarbeit hervorgehoben. Immer wieder wurde von den Gästen der Dank für die vorbildliche Organisation und die gastfreundschaftliche Aufnahme und Betreuung zum Ausdruck gebracht. Es wurde der Wunsch geäußert, daß dieses I. Internationale Kolloquium, das ein großer Erfolg war, seine Fortsetzung in weiteren derartig gehaltvollen Tagungen finden möge.

Vor ihrer Abreise benutzten die Vertreter der Vorratskommissionen der ČSR, Volkspolens, Bulgariens, Rumäniens und Ungarns noch die Gelegenheit, die Arbeit der Zentralen Vorratskommission der DDR kennenzulernen. Es wurden wertvolle praktische Erfahrungen ausgetauscht, besonders hinsichtlich der Behandlung und Bestätigung von Vorratsberechnungen, der Methodik der geologischen Erkundung und anderer Fragen der Kontrolle und Überprüfung von Vorratsberechnungen. Die Mitarbeiter der ZVK erhielten besonders von den polnischen, bulgarischen und tschechoslowakischen Fachkollegen viele wertvolle Hinweise für ihre Arbeit. In den Diskussionen wurde wiederholt der Wunsch geäußert, den Erfahrungsaustausch noch enger zu gestalten und gegenseitig Informationen und Mitarbeiter auszutauschen.

Das I. Internationale Kolloquium über Fragen der Vorratsklassifikation war ein großer internationaler Erfolg. In drei Tagen intensiver Arbeit wurden der neueste Stand der Erkenntnisse in diesen Fragen von den Vertretern der einzelnen Länder dargelegt und Wege zur Vereinheitlichung der Ansichten vorgeschlagen. Es konnte jedoch nicht in allen Problemen ein einheitlicher Standpunkt erreicht werden. Hierzu sind zweifellos noch weitere derartige Kolloquien über bestimmte Teilfragen notwendig. Bei der Fülle der Probleme und der nahezu 250 Diskussionsbeiträge und -bemerkungen kann dieser kurze Tagungsbericht natürlich nicht als erschöpfend angesehen werden. Es ist vorgesehen, in der „Zeitschrift für angewandte Geologie" die wichtigsten Diskussionsbeiträge zu veröffentlichen.

ULBRICH/PRATZKA

Chinas „Großer Sprung nach vorn“

ERICH LANGE, Berlin

Im Verlaufe des Jahres 1958 hat die Volkswirtschaft Chinas einen Aufschwung genommen, der allgemeines Aufsehen erregt hat. Möglich wurde dieser „Große Sprung nach vorn“ durch eine von der Kommunistischen Partei gelenkte Volksinitiative, die zu großen Erfolgen in Landwirtschaft und Industrie führte.

So gelang es den Bauern, von Ende 1957 bis Mitte 1958 Flächen von insgesamt 30,7 Millionen Hektar neu zu bewässern; das ist das Doppelte der gesamten vor 1949 bewässerten Fläche. China besaß also im Herbst 1958 fast 65,5 Mio ha bewässerten Bodens, das sind etwa 57% der gesamten Anbaufläche[1]). Diese weitgehende Bewässerung der Felder führte zu einer Rekordernte, deren Ertrag doppelt so hoch lag wie 1957.

Auf der Basis dieser Rekordernte und der starken Bevölkerungsdichte vieler chinesischer Provinzen konnten sich Millionen Menschen an der Erkundung und Erschließung von Lagerstätten, dem Abbau ihrer Rohstoffe und deren Ausnutzung beteiligen. Über die geologischen Grundlagen wichtiger Lagerstätten hat bereits A. SCHÜLLER in unserer Zeitschrift Bd. 4, Heft 12/1958, S. 545 ff. ausführlich berichtet, so daß wir uns im folgenden mehr auf die politische und ökonomische Seite dieser Entwicklung beschränken können.

Die Regierung hat dabei Methoden zur Auswertung der wichtigsten Rohstoffe der Erdöl-, Kohle- und Eisenerzvorkommen angewandt, die der Größe der Vorräte und ihrer geographischen Lage entsprechen.

Aus dieser Erkenntnis zog man die richtige Schlußfolgerung:

Wo große Lagerstätten mit erheblichen Vorräten an hochwertigen Rohstoffen vorliegen, werden nach neuesten wissenschaftlichen und technischen Methoden moderne Industriegiganten errichtet, die hohe Investitionen und relativ viel Zeit für den Aufbau benötigen.

Wo kleine oder mittlere Lagerstätten auftreten, deren Vorräte oder Rohstoffqualitäten keine Basis für den Bau von Industriegiganten bieten, entwickelt man Klein- bzw. Mittelbetriebe auf der Grundlage einfacherer technischer Verfahren, die wenig Investitionen erfordern, dafür aber an vielen Stellen gleichzeitig in Angriff genommen werden können. Dadurch ergibt sich insgesamt eine schnelle Produktionserweiterung. Außerdem ermöglichen es diese Klein- und Mittelbetriebe, auch sonstige mineralische Rohstoffquellen von nur örtlicher Bedeutung auszuwerten, die wegen zu geringer Vorräte oder nicht ausreichender Qualität zum Aufbau der großen Industriezentren nicht herangezogen werden können.

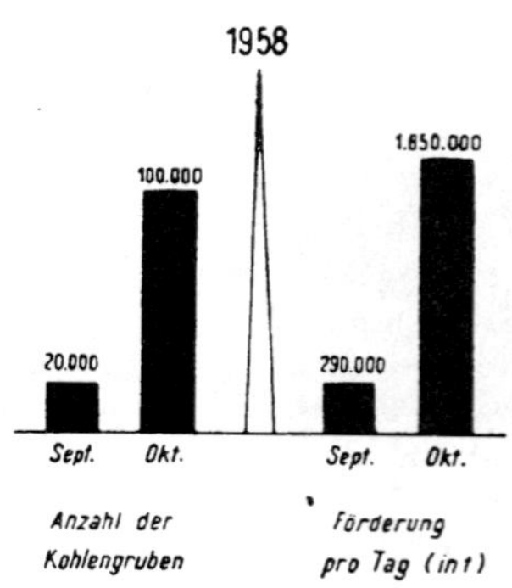

Abb. 1. Förderung der chinesischen Kleinzechen September/Oktober 1958

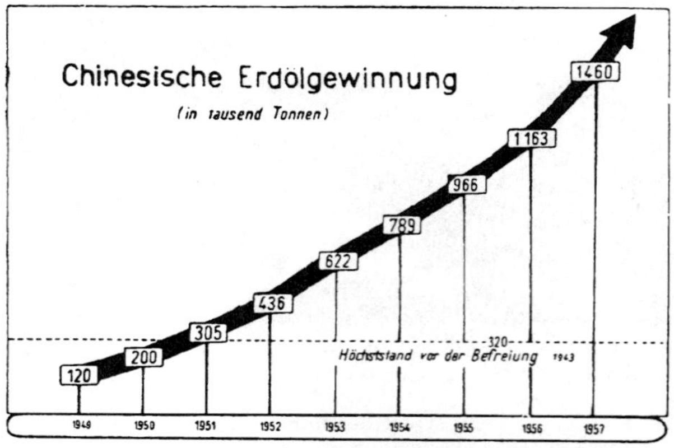

Abb. 2. Steigerung der Erdölgewinnung in der VR China

Kohle

(vgl. zur Ergänzung den Beitrag aus Peking von A. SCHÜLLER, S. 190)

Die chinesische Kohlenförderung betrug 1957 etwa 130 Mio t und hat 1958 mit über 270 Mio t bereits die Kohlenförderung Englands überholt. In allen Teilen des riesigen Landes gingen Millionen von Menschen unter der Parole „Für 1000 t Stahl – 10000 t Kohle“ an die Schürf- und Abbauarbeiten[2]). Die Zahl der Kleingruben, die im örtlichen Maßstab arbeiten, stieg auf rund 100000 an, wie Abb. 1 aus „Peking Revier“ Nr. 38 v. 18. 11. 1958, S. 13, zeigt.

Ihre gesamte Tagesförderung hatte Ende Oktober 1958 bereits 1,65 Mio t erreicht. Zu der Monatsförderung des gesamten Kohlenbergbaus, die im Oktober 1958 schon 70 Mio t ausmachte, hatten die Kleingruben mit 51 Mio t den Hauptteil beigetragen. In den Provinzen Honan, Hunan, Hupeh, Schansi, Szechuan, Yünnan und Kansu sowie im Autonomen Gebiet Dschwang (Provinz Kwangsi) erreichten die Kleinzechen in 77 Kreisen eine Tagesförderung von 10000 t und mehr (nach dem Stand von Mitte Oktober 1958).

DJU DJI LIN teilte in der „Peking Review“ vom 25. 8. 1958 mit: „Da die geologischen Schürfarbeiten, die Projektierung und Anlage der örtlichen Kohlengruben keine großen Schwierigkeiten bereiten, kann sich praktisch jedermann irgendwie an der Kohlegewinnung beteiligen. Seitdem diese Arbeit unter der einheitlichen Leitung der örtlichen Parteiorgane steht und mit dem allgemeinen Plan abgestimmt wurde, werden diese Kohlevorkommen rationell und effektiv ausgenutzt.“

Diese Entwicklung ist besonders für Süd-China wichtig, das bisher auf Kohle, die weit aus dem Norden antransportiert werden mußte, angewiesen war. Trotz der von den Imperialisten verbreiteten pseudowissenschaftlichen Behauptungen, in Süd-China gäbe es keine Kohlenlagerstätten, fördern heute die Provinzen Hupeh, Hunan, Kwangsi, Szechuan, Kweichow und Yünnan bereits je über 1 Mio t im Monat. Die bisherige unrationelle Standortverteilung des chinesischen Kohlenbergbaus wird also in kurzer Zeit überwunden sein.

[1]) „China Reconstructs“, Nr. 11, Peking 1958.
[2]) Vgl. A. SCHÜLLER, Kohlenreviere der Volksrepublik China, Bd. 4, S. 552, Heft 12/1958.

Besonderer Wert wird darauf gelegt, in den kleinen und mittleren Kohlengruben soweit wie möglich den hydraulischen Abbau einzuführen.

In den großen Kohlenschächten von Fushun, Fatung, Hokang, Schangja, Djatao, Jilo und Föngföng wurde bereits im Oktober 1958 die vierfache Menge Rohkohle gegenüber der Januarförderung gewonnen.

Rohstoffe zur Treibstoffgewinnung

Ein besonders großer Engpaß der chinesischen Wirtschaft ist Treibstoff. Die Erdölförderung (Abb. 2), die 1949 erst 120000 t betragen hatte, war 1957 bereits auf fast 1,5 Mio t angewachsen und befindet sich seitdem in stürmischer Weiterentwicklung. (Vgl. A. SCHÜLLER, 1958, S. 546.) Die Zentralregierung widmet dem Aufbau der großen Ölfelder und dem Bau großer Raffinerien besondere Aufmerksamkeit. Trotzdem können die in den Ölraffinerien hergestellten Treibstoffe den steigenden Bedarf nicht decken. Es wurde daher beschlossen, 10000 Klein- und 100 Mittelbetriebe für die Herstellung von Treibstoffen auf Kohle- und Ölschieferbasis (vgl. unseren Originalbericht von A. SCHÜLLER aus Peking, Bd. 4, S. 545) zu errichten. Hierdurch soll es möglich werden, die chinesische Mineralölausbeute in den nächsten Jahren um das Fünffache gegenüber 1958 zu erhöhen. Und am Ende des zweiten Fünfjahrplanes (1962) soll außerdem etwa das Sechsfache des ursprünglichen Planziels, das 5–6 Mio t rohes Erdöl vorsah, erreicht sein.

Neben den Giganten in Fushun (Liaoning-Provinz) und in Maoming (Kwantung-Provinz) entstehen zahlreiche Ölschiefergruben in 21 Provinzen und Autonomen Gebieten. In Hunan, Hopei, der Inneren Mongolei, Kirin, Yünnan, Kweichow und Honan gibt es im Tagebau abbaubare Ölschiefervorkommen mit einem Ölgehalt von mehr als 10%. Der Ölschiefergigant Maoming, der mit der Produktion begonnen hat, wird nach seiner Fertigstellung eine Jahresproduktion von über 1 Mio t Schieferteer erreichen.

Die Ölschiefer werden in den örtlichen Betrieben primitiv verschwelt. Dabei werden neben Schieferteer noch Ammoniumsulfat und Zement gewonnen. Auch zu weitgehender Verschwelung bituminöser Kohlen ist man übergegangen, wobei vor allem darauf geachtet wird, daß der anfallende Halbkoks möglichst in kleinen Eisenschmelzöfen und daneben in den Haushalten verfeuert wird.

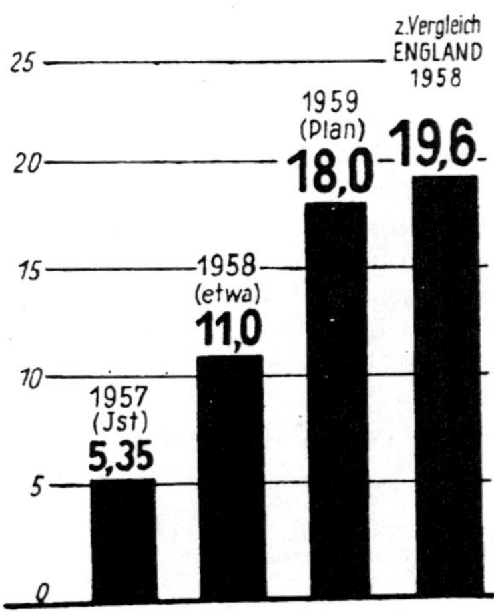

Abb. 3. Entwicklung der Stahlproduktion in der Volksrepublik China

Bisher sind Kohlevorkommen in mehr als 1300 der 2000 vorhandenen Kreise Chinas gefunden worden. Viele Kohlenarten sind so reich an flüchtigen Bestandteilen, daß aus ihnen mit guter Rentabilität Schwelteere gewonnen werden können. Braunkohlen mit einem Teergehalt von 10–20% werden in Shansi, Kwantung, Kwangsi, Heilungkiang und der Inneren Mongolei verschwelt.

Die Zentralregierung hat Standardtypen für Schwelanlagen mit einem Jahresausstoß von 300, 1000, 3000, 10000 und 50000 t Teer konstruieren lassen. Neben Teer und Halbkoks liefern diese Anlagen Benzin, Petroleum, Dieselöl und Ammoniumsulfat. Die Kosten der Anlagen sind niedrig, ihre Bedienung ist einfach und ihre Rentabilität liegt hoch, so daß sie in allen Revieren mit bitumenreichen Ölschiefern, Braun- oder Steinkohlen gebaut und mit örtlichen Kräften in Betrieb gesetzt werden können. Größten Wert legt man bei der Standortfestlegung darauf, daß Transportkosten vom Erzeuger zum Verbraucher möglichst eingespart werden.

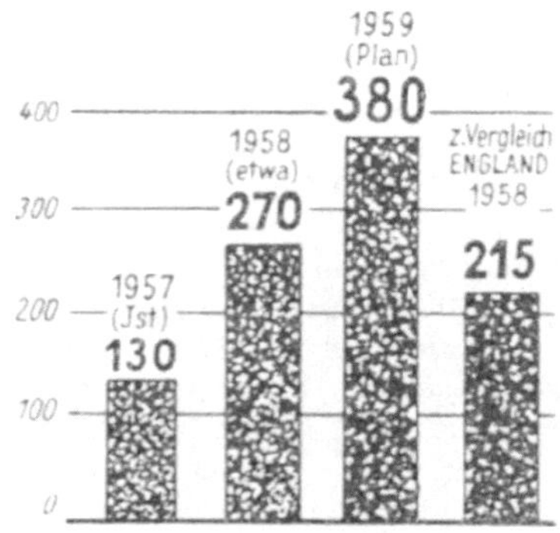

Abb. 4. Entwicklung der Kohlenproduktion in der Volksrepublik China

Erdöl

Die Erdöl- und Erdgashöffigkeit Chinas erstreckt sich über 2,7 Mio km². Speichergesteine sind in über 500 verschiedenen stratigraphischen Horizonten festgestellt worden. Besonders hochwertig ist das kürzlich in Zentral-Szechuan entdeckte Erdölfeld, in dem eine Sonde im Nanchung-Bezirk 172 t Rohöl in 115 Minuten eruptierte.

In mehr als 100 stratigraphischen Horizonten sind in den Provinzen Kweichow, Kwangsi und Yünnan Erdöl und Erdgas entdeckt worden. In der nordostchinesischen Sungari-Liao-Ebene treten fast in jedem Horizont Kohlenwasserstoff-Akkumulationen auf.

Auch die Erdölgewinnung wird nicht nur zentral von den Großbetrieben der Zentralregierung durchgeführt. Die örtlichen Behörden gewinnen gleichfalls Rohöl aus wenig ergiebigen Speichern und aus Sonden mit geringerer Produktivität. Das Territorium, in dem solche Kleinbetriebe der Erdölindustrie z. Z. produzieren, umfaßt mindestens 1020 km². Allein die Erdölverwaltung von Sinkiang richtet die Erdöl-Kleinproduktion in 11 Kreisen, das Erdöl-Erkundungsbüro von Szechuan in weiteren 10 Kreisen ein. Bis 1962 werden 100 bis 200 chinesische Kreise aus von ihnen selbst betriebenen kleinen Erdölfeldern produzieren.

Erdgas

Überall in den Erdölrevieren Chinas beginnt man, der Verwertung des Erdgases und der Erdölgase größte Aufmerksamkeit zu schenken. Das erstaunlichste Ereignis auf dem Erdgassektor ist die Entdeckung reicher Erdgasvorkommen in der Umgegend von Schanghai. Wir entnehmen einer Meldung der Hsinhua News Agency vom 30. 11. 1958:

„Die Entdeckung von Erdgas in verschiedenen stratigraphischen Horizonten in einer Ausdehnung von 5000 km² einschließlich Schanghais und seiner Umgebung hat eine Masseninitiative zur Gewinnung und Verwertung des Erdgases ausgelöst.

In den zwei Monaten, seitdem die ersten Erkundungsbohrungen Erdgas nachgewiesen haben, sind über 1000 Bohrungen von Arbeitern, Staatsfunktionären, Lehrern und Studenten, Soldaten, Mitgliedern der Volkskommunen und anderen freiwilligen Helfern niedergebracht worden. Das Gas wird bereits für Koch- und Beleuchtungszwecke, zur Krafterzeugung, bei der Stahlfabrikation und zur Herstellung von Chemikalien ausgewertet.

Zahlreiche wirksame Bohrmethoden wurden improvisiert. Ebenso ging man beim Bau der Leitungen vor. Man hofft, große Mengen von Kohle durch das neu gewonnene Erdgas einsparen zu können.

Die Bezirksleitung der Kommunistischen Partei hat zusammen mit dem Volksrat von Schanghai eine Forschungsstelle ins Leben gerufen, die sich mit der Gewinnung und Verwendung des Erdgases befaßt. Gleichzeitig soll sie das gesamte Erdgasproblem weitgehend popularisieren. Eine wissenschaftlich-technische Schule, in der 400 Personen zu Erdgasfachleuten ausgebildet werden, wurde in Schanghai gegründet.

Die Erdgasvorkommen haben im Schanghai-Bezirk eine weite Verbreitung. Das Gas ist flach gelagert und kann daher leicht gewonnen werden. Die höchstgelagerte gasführende Schicht liegt nur 16 m unter der Erdoberfläche. In großer Tiefe hofft man auch auf Erdöl zu stoßen."

Stahlproduktion

Anfang November 1958 wurde in Anschan der größte SM-Ofen der Welt in Betrieb genommen, der 600 t Stahl pro Tag ausbringen wird. Am 13. 9. 1958 war am ersten automatischen Hochofen im Hüttenwerk Wuhan mit der Schmelze begonnen worden. Dieser Hochofen mit einem Fassungsvermögen von 1386 m³ weist eine Tagesleistung von 2500 t Roheisen auf.

Das Ziel, das sich Regierung und Volk gesetzt haben, schon im Jahr 1958 durch Verdoppelung der Stahlproduktion einen Ausstoß von 10,7 Mio t Stahl zu erreichen, konnte durch die Stahlgiganten allein nicht erreicht werden. Ihr Aufbau dauert zu lange. Um den Faktor „Zeit" so auszuwerten, daß die Produktion der kapitalistischen Länder baldigst erreicht wird, ist man dazu übergegangen, in kürzester Zeit hunderttausende kleiner primitiver Hochöfen aus örtlichem Material in allen Provinzen zu errichten. Die Baukosten dieser kleinen Schmelzöfen sind gering; ihr Betrieb ist einfach, und sie haben einen erheblichen Teil der Eisenproduktion des Jahres 1958 geliefert.

Die gesamte Bevölkerung — Bauern, Arbeiter, Wissenschaftler, Minister — halfen mit Schubkarren, Tragtieren und Autos beim Transport der Eisenerze zu den Hütten. Über 20 Millionen Menschen sind in Bewegung, um Straßen zu bauen, Eisenerze zu suchen, zu gewinnen, zu transportieren und auszuschmelzen. Soll doch in einem Jahr die Stahlproduktion, die 1957 bereits 5,35 Mio t erreicht hatte, verdoppelt werden, d. h. in einem Jahr eine Steigerung erreicht werden, für die kapitalistische Länder mehrere Jahrzehnte benötigt hatten[3]).

Ende Juli 1958 standen 50000, Ende August 240000 und Ende September 1958 bereits 350000 solcher kleinen Schmelzöfen in Betrieb. Die Öfen haben ein Volumen von 3—255 m³. Die von ihnen hergestellte Qualität genügt durchaus für zahlreiche Verwendungszwecke, für die keine Spezialstähle benötigt werden.

Im Juhsien-Bezirk[4]), der Mitte September 1958 bereits aus kleinen Schmelzöfen eine Tagesproduktion von fast 4400 t erreichte, waren 500 Arbeiter bei der Kokserzeugung, 30000 bei der Eisenerzgewinnung und über 100000 am Bau der Straßen von den neuen Bergwerksgebieten zu den Schmelzöfen beschäftigt.

Im Bezirk Fengtscheng der Provinz Kwangsi wurden im Juni vergangenen Jahres durch freiwillige Helfer einige Eisenerzvorkommen mit 300 Mio t Gesamtvorräten entdeckt. Der Vorsitzende des Bezirksvolkskongresses transportierte persönlich das erste Eisenerz zu einem provisorischen Schmelzofen und begann dort mit der Produktion. Der Bezirk verpflichtete sich, aus den neuentdeckten Eisenerzlagerstätten bis Ende des Jahres 100000 t Roheisen zu erzeugen.

„Die Arbeiter des Eisenhüttenkombinats Paotou haben beschlossen, neben dem geplanten riesigen Eisen- und Stahlwerk (nach Fertigstellung 1 Mio t Rohstahlkapazität) ein ‚kleines' Eisen- und Stahlwerk zu erbauen. Dieses kleine Werk wird mehrere Hochofenanlagen, Stahlschmelzanlagen und eine Reihe von Blechwalzwerken umfassen. Es wird z. T. aus Investitionen finanziert, die für das Eisenhüttenwerk Paotou vorgesehen waren: die Rückzahlung erfolgt aus den Gewinnen der Produktion des kleinen Werkes.

Überall wetteifern die Arbeiter miteinander bei der Errichtung neuer Fabriken. Die Arbeiter von Schanghai haben ein völlig neues Stahlwerk mittlerer Größe in 47 Tagen errichtet."[5])

Internationale Auswirkungen des „Großen Sprunges"

Der „Große Sprung nach vorn" des chinesischen Volkes ist eine Angelegenheit von internationaler Bedeutung. Durch die Ausbeutung von Lagerstätten im Klein- und Mittelbetrieb kommt die Industrie ins Dorf und hilft, den Unterschied zwischen Stadt und Land, zwischen Arbeiter und Bauer langsam zu überwinden. Die von der kapitalistischen Ideologie übernommene Überschätzung der höchste Profite abwerfenden Industriegiganten ist durch das chinesische Beispiel widerlegt. Jedes Stück bebaubares Land und jede Lagerstätte, die z. Z. industriell nutzbare Rohstoffe birgt, kann bei richtiger Behandlung die Produktionskapazität erhöhen und zur Erstarkung der sozialistischen Wirtschaft beitragen[6]). Größten Einfluß wird das chinesische Vorbild auf andere asiatische und afrikanische Länder haben. — Hat sich doch schon der indische Ministerpräsident NEHRU für eine Nachahmung des „Großen Sprungs" ausgesprochen.

In zahlreichen humiden und semihumiden Gebieten der Tropen führt die Verwitterung zur Bildung von

[3]) Vergl. A. SCHÜLLER, Peking, S. 191 dieses Heftes.
[4]) Einen ausführlichen Bericht über die Standorte der chinesischen Stahlwerke bringen das „Metal Bulletin" v. 2. 9. 58 und der „Informationsdienst der Wirtschaftsvereinigung Eisen- und Stahlindustrie" Ausgabe B, Nr. 446 v. 5. 9. 1958.
[5]) „Peking Review" Nr. 31, 1958.
[6]) Vergl. E. LANGE, Steinkohlen- u. Braunkohlenbetriebe. „Z. angew. Geol." Bd. I, Heft 1, S. 38—40, 1955.

eisenhaltigen Lateriten und Krusteneisensteinen, die in weitester Verbreitung auftreten. Viele Jahrhunderte hindurch haben es z. B. afrikanische Völker verstanden, in kleinen Rennöfen aus sauren Lateriteisenerzen Luppen herzustellen und diese zu gutem Stahl weiterzuverarbeiten. Man wird annehmen können, daß diese Produktionsart, die durch den kapitalistisch erzeugten Stahl ruiniert wurde, in befreiten Kolonialländern gleichfalls wieder auflebt und zum Ausbau einer bodenständigen Eisen- und Stahlindustrie erheblich beitragen wird.

Die großen Massenbewegungen zur Entwicklung der Industrie, der Eisen- und Stahlerzeugung, der Kohleproduktion usw., die unter Führung der Kommunistischen Partei Chinas bereits in den vorhergehenden Jahren das ganze Land erfaßten, haben im letzten Jahr ungeahnte Ausmaße angenommen und sind ein grandioses Beispiel der Masseninitiative der Werktätigen. Sie erstrecken sich sowohl auf die Errichtung von Großbetrieben mit modernen Produktionsmethoden als auch auf die Vergrößerung der Zahl von Kleinbetrieben mit althergebrachten Arbeitsverfahren. Diese Massenbewegungen sind das Ergebnis der revolutionären Begeisterung gepaart mit sozialistischem Denken. Sie erstreckten sich nicht zuletzt auch in hervorragendem Maße auf das Gebiet der geologischen Forschungs- und Erkundungsarbeiten.

Die Werktätigen der Länder der Volksdemokratien und unserer Republik verfolgen mit großer Anteilnahme die heroischen Leistungen des chinesischen Volkes bei der Überwindung der aus der Feudalherrschaft und der Herrschaft der Tschiangkai-schek-Clique resultierenden Rückständigkeit. In historisch kurzer Zeit werden sie solche modernen Industrieländer wie England in der Produktion der wichtigen Wirtschaftsgüter einholen und überholen.

Dialektik - Grundlage moderner Geologie

KURT KAUTER, Gotha

In dem Ringen um die Sicherung des berechtigten Anspruches der Dialektik auf die Alleingültigkeit im gesamten wissenschaftlichen Raum scheint die Geologie eine besonders günstige Position innezuhaben. Weit unmittelbarer an dem materiellen Ablauf der uns umgebenden und von uns rekonstruierbaren Dinge stehend als viele Kollegen anderer Fakultäten, wird die große Mehrzahl der Geologen den Vorwurf metaphysischen Denkens mit Entrüstung zurückweisen.

Und mit Recht wird ein jeder die Erkennbarkeit der Dinge bestätigen, denn das ist ja ein Grundelement geologischer Wissenschaft, daß man die Welt durch eigene Anschauung und durch gedankliche Konstruktion erkennen kann. Mit gleichem Recht verweist er auf die bewußte und gelenkte Herbeiführung von Veränderungen der Materie in den mannigfachen Prozessen der Aufbereitung, Verhüttung, Raffination und Veredlung der Rohstoffe. Somit scheint die dialektische Basis der geologischen Wissenschaft gesichert zu sein in der simplen Bestätigung der Marxschen Forderung: die Welt erkennen, um sie zu verändern.

Man wird im Unterbauen dialektischer Elemente in der geologischen Wissenschaft auch noch einen Schritt weitergehen können. Kaum einer der Kollegen wird der Feststellung widersprechen, daß die Arbeit das Mittel ist, zur Erkenntnis der Dinge der materiellen Welt zu gelangen. Arbeit, das ist für uns alle nicht allein die des Hauers vor Ort, des Hüttenmannes am Hochofen, des Arbeiters in der Raffinerie, sondern auch des Markscheiders, des Geophysikers, der vielen Frauen und Männer an Zeichentischen und hinter Mikroskopen. Ja man kann, diese Bestätigung vollends festigend, sagen: die Geologie hat die Phase der phantastischen BEHRINGERschen Lügensteine weit hinter sich gebracht, erkennt keine Wunder an und wartet nicht auf Offenbarungen.

Aber dennoch bewegt sich die Geologie großenteils auf metaphysischen Bahnen, dies um so ungestörter, als die Erfüllung der genannten primären Voraussetzungen der Dialektik den verhüllenden Mantel abgibt. Das Denken in Kategorien der Metaphysik ist nicht so ohne weiteres zu fassen, es liegt tiefer im gesamten Erkenntnisprozeß und erfordert deshalb einen um so bedingungsloseren Kampf.

Schon HEGEL wies bei seiner Behandlung der Dialektik des Erkenntnisvorganges darauf hin, daß die Erkenntnis ein Prozeß ist, der ständig fortschreitend aufwärtsführt vom Nichtwissen zum Wissen (wobei selbstverständlich der Umschwung in die Qualität eine wesentliche Rolle spielt). Hier schon geben sich in den Reihen der Geologen die ersten Metaphysiker zu erkennen, die zwar die wissenschaftliche Erkenntnis als Tatsache anerkennen, aber ihr Einbezogensein in eine innere Weiterentwicklung leugnen. Das sind alle jene unter uns, die auf ihrem seinerzeit gut fundierten Wissensstandpunkt stehengeblieben sind und heute ein Hindernis für die sich anbahnende, stürmische Weiterentwicklung unserer Wissenschaft werden.

LENIN faßte in seiner Arbeit „Materialismus und Empiriokritizismus“ das Problem tiefer als HEGEL. Er sieht in dem Erkenntnisprozeß eine dauernde Umwandlung der „Dinge an sich“ in „Dinge für uns“. Hier zweigt bereits eine andere Gruppe unserer geologischen Metaphysiker ab, diejenigen nämlich, denen das Bewußtsein mangelt, die eingangs zugestandenen Veränderungen der Materie als Aufgabe „für uns“ zu akzeptieren. Das Verändern nämlich geschieht nicht richtungslos, sondern hat in der jeweiligen Gesellschaftsordnung einen ganz bestimmten Sinn: heute den, die Kräfte und Schätze der Natur der Arbeiterklasse in aller Welt zur Überwindung des Kapitalismus zur Verfügung zu stellen.

Aber LENIN wird noch deutlicher. In seinen Schriften „Aus dem philosophischen Nachlaß“ fixiert er das primäre Handwerkszeug des Geologen, das Denken, wie folgt: „Vom lebendigen Anschauen zum abstrakten Denken und von diesem zur Praxis — das ist der dialektische Weg der Erkenntnis der Wahrheit, der Erkenntnis der objektiven Realität“. Drei Etappen kennzeichnet dieser Weg der Erkenntnis der Wahrheit: das lebendige Anschauen, die gedankliche Abstraktion, die Praxis. Alles zusammen ist der „dialektische Weg“, und zwar in einem dauernden, sich vorwärts entwickelnden Werdegang. Aber unsere Metaphysiker leugnen teils den Zusammenhang des Ganzen, teils einzelne Glieder dieser Etappen.

Einige von ihnen beschränken sich auf das „Anschauen", übersehen die Forderung des „lebendigen" Anschauens und abstrahieren bereits den ersten Teil des Weges zur Wahrheit mit der Gewißheit, diese niemals zu erkennen. Andere bejahen das lebendige Anschauen, dringen auch zur Abstraktion vor, verharren aber in ihr und blockieren sich und ihren Schülern ebenso wie uns allen den Weg zum Erkennen der Wahrheit. Die von LENIN geforderte „Abstraktion im Denken" ist der wissenschaftliche Begriff. Die soeben gekennzeichneten Geologen gelangen zu Begriffen, leugnen aber ihre Veränderlichkeit und mißachten ihre Grenzen in Raum und Zeit. Der Rest der metaphysisch arbeitenden Kollegen scheitert an der „Praxis", weniger als an einem Prüfstein für die Richtigkeit des Denkens, als vielmehr an einer Überleitung zu neuem, „lebendigem Anschauen" und damit zu neuen Begriffen, die das gesamte Wissen der Erkenntnis der objektiven Realität ständig näherbringt.

Wenn also Ernst gemacht werden soll mit der „Dialektik" als Grundlage für die Geologie, dann muß im Prozeß einer dauernden Wechselwirkung von Individuum und Gemeinschaft mit den Mitteln der Kritik von außen und der Selbstkritik von innen in der Form des ernsten, wissenschaftlichen Meinungsstreites sowohl der ganze Weg der geologischen Erkenntnis als auch jede einzelne Etappe überprüft und korrigiert werden.

Diese Überprüfungen müssen dort einsetzen, wo es den Metaphysikern unter uns am unangenehmsten ist: am wissenschaftlichen Begriff, denn das Denken als Grundlage unserer Wissenschaft ist in besonderem Maße abhängig vom Begriff. Unsere Wissenschaft ist nicht tot. Sie lebt von der Variante. Die ist keine Ausnahme, sondern ein Teil des Gesetzes, der den Geist alarmiert, die Noch-Gültigkeit des Begriffes zu überprüfen.

Unser Volk schreitet zum Sozialismus. Dieser Prozeß braucht ungeheure, neue Energien und Impulse und er gibt ungeahnte, neue, menschliche und wissenschaftliche Aspekte. Die ersteren müssen wir auf unserem Sektor: Erz, Kohle, Erdöl, Kali etc. mitschaffen, die letzteren ergreifen wir mit dankbarem Herzen. Beides zusammen aber gehört zu einem großartigen Ablauf, dessen einzige Triebfeder der dialektische und historische Materialismus ist. Deshalb ist die entschlossene Kampfansage an die wie auch immer getarnte Metaphysik ein Gebot der Stunde. Metaphysisches Denken hemmt heute schon den Prozeß der Erkenntnis, der in diesem Falle gleichzusetzen ist mit dem Auffinden von Rohstoffen und Abbauen von Lagerstätten. Es hindert uns morgen noch mehr, wenn es gilt, die Naturkräfte den Menschen untertan zu machen, und wird in der Zukunft unerträglich sein. Allein das dialektische Denken kann als modernste Art, die Welt zu erkennen, um sie zu verändern, fürderhin Grundlage der Geologie sein.

Die Reaktion des Kupferschiefers bei tektonischer Beanspruchung

BODO STEINBRECHER, Berlin

INHALT

1. Vorbemerkungen

In den Jahren 1953 und 1954 wurden am N-Rand der Mansfelder Mulde zwischen Friedeburg und Friedeburger Hütte (Meßtischblatt Könnern 4336, geol. aufgenommen durch E. KAYSER, 1884) Kupferschiefererkundungen durch Bohrungen und bergmännische Arbeiten durchgeführt. In diesem Zusammenhang erfolgte erstmalig die geologische Aufnahme des Schlüsselstollens in diesem Abschnitt, um Anhaltspunkte über die Tektonik des Gebietes zu bekommen. Dabei konnten interessante Profilteile aus der Kupferschieferzone beobachtet werden, die geeignet sind, die Vorstellungen über das Verhalten des Kupferschiefers bei tektonischer Beanspruchung z. T. zu erweitern. In der Literatur liegen hierüber keine speziellen Untersuchungen vor. Deshalb ist es angebracht, diese Lücke wenigstens z. T. zu schließen und den Blick auf diesen Problemkreis zu lenken. Die Befunde werden im Sinne der „tektonischen Selektion" (H. GALLWITZ, 1956) ausgewertet. Hierunter werden die Vorgänge verstanden, die zu einer tektonisch bedingten räumlichen Sonderung infolge unterschiedlichen Verhaltens eines Schichtpaketes gegenüber seinem Liegenden und Hangenden führen. Wie sie erfolgt, hängt von der räumlichen Beziehung im primären Verband ab. Am Beispiel des Kupferschiefers soll gezeigt werden, wie ein relativ mobiler Gesteinskörper geringer Mächtigkeit, der zwischen relativ kompetenten Komplexen liegt, sich bei tektonischer Beanspruchung in einem brechend reagierenden Gebirgskörper im saxonischen Bereich verhält.

Es sei ausdrücklich hervorgehoben, daß sich die Deutungen der Befunde auf megaskopisch wahrnehmbare Merkmale stützen. Bei der Auswertung der Beobachtungen wird das Verhalten des Kupferschiefers, gemäß geologischer Betrachtungsart, im natürlichen Verband analysiert. Im Laboratorium durchgeführte Untersuchungen über die Reaktionen eines Gesteins haben für geologische Deutungen nur bedingten Wert. Die Gründe hierfür sind:

a) Das betreffende Gestein wird losgelöst aus dem natürlichen Verband des Profils untersucht.

b) Die Dauer von Druck-, Zug- und Scherbeanspruchungen läßt sich nicht mit den in der Natur zur Verfügung stehenden Zeiträumen vergleichen.

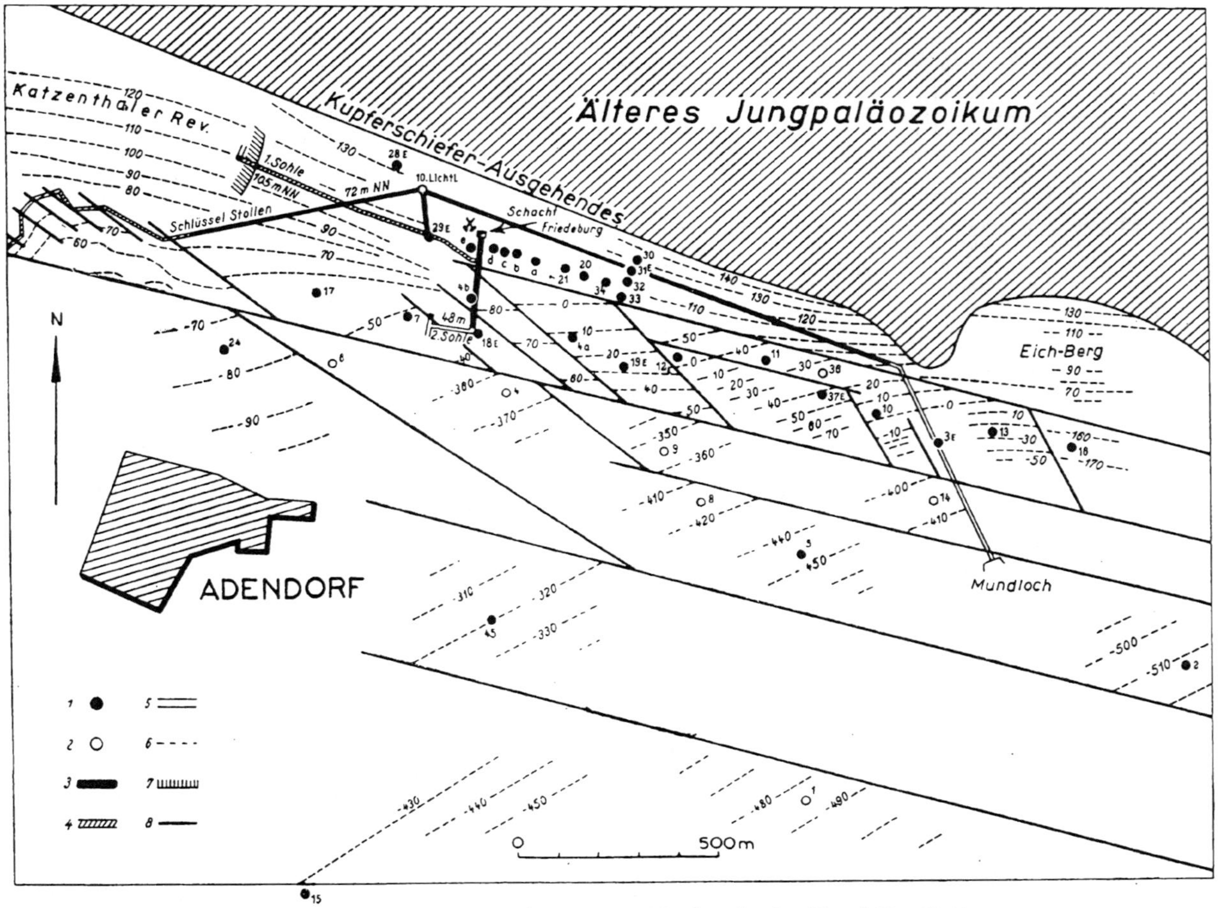

Abb. 1. Der tektonische Bauplan des Nordrandes der Mansfelder Mulde

Bohrungen auf Kupferschiefer: 1 — fündig, 2 — Flöz nicht erreicht; Stollen und Strecken: 3 — im Liegenden, 4 — im Flöz, 5 — im Hangenden; 6 — Linien gleicher Teufenlage der Kupferschieferunterkante in m NN; 7 — Alte Strebfront; 8 — Verwerfungen

c) Das Verhältnis zwischen dem Wert der Druck-, Zug- und Scherbeanspruchungen in der Natur läßt sich nicht abschätzen und im Laboratorium rekonstruieren.

Hiermit sei jedoch nicht gesagt, daß derartigen Untersuchungen für geologische Deutungsversuche keine Bedeutung beizumessen wäre. Auch die im Laboratorium gewonnenen Meß- und Beobachtungsergebnisse sind letzthin Ausdruck der Struktur, Textur, Zusammensetzung und Festigkeit des Gesteins. Man muß nur den Gültigkeitsbereich und Aussagewert derartiger Untersuchungen einschätzen.

2. Der tektonische Bauplan des Untersuchungsgebietes

Das Untersuchungsgebiet liegt am N-Rand der Mansfelder Mulde. Das jungpaläozoische und mesozoische Gebirge ist durch mehrere 110° streichende Verwerfungen zergliedert, deren Sprunghöhen nach O zunehmen. Durch sie wird der jungpaläozoische Gebirgskomplex der Halle-Hettstedter Gebirgsbrücke im N gegen das Mesozoikum der Mansfelder Mulde gesetzt. Die Dislokationen tragen wahrscheinlich allgemein Abschiebungscharakter in ähnlicher Weise wie z. B. die Horst- und Grabenzonen (Rückenzonen) im Bereich der Mansfelder Mulde, zu denen sie parallel verlaufen (Martinschächter, Freieslebenschächter und Brosowskischächter Flözgräben). Die 110°-Verwerfungen, an die die größten Verwurfsbeträge gebunden sind, schneiden 125° bis 150° streichende Dislokationen ab. Sie dürften in ihrer Anlage älter sein (Abb. 1). Auffällig ist, daß die 110°-Dislokationen im Kluftbild (Abb. 2) nicht, die 125°- bis 150°-Verwerfungen jedoch in ausgeprägterem Maße erscheinen. Wahrscheinlich wurden die der 110°-Richtung zuzuordnenden Spannungen auf den älteren 125°- bis 150°-Klüften kompensiert.

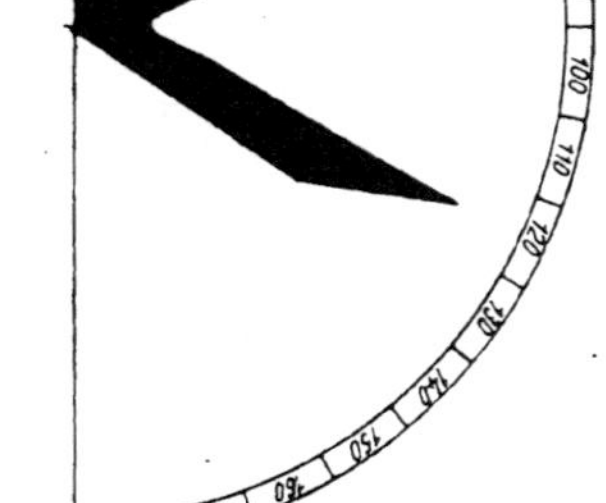

Abb. 2. Kluftrose des Zechsteinkalkes im Rechenbergschen Kalksteinbruch, etwa 500 m nördlich des Schlüsselstollens im Katzenthaler Revier

3. Zur Petrographie der Kupferschieferzone

3.1 Das Weißliegende

Im Untersuchungsabschnitt des Schlüsselstollens liegt der Kupferschiefer bis zu 7 m mächtigem Weißliegenden auf, das aus einem grauweißlichen, gleichmäßig schwach kalkigen, diagonal geschichteten Dünensandstein besteht. Seine Korngrößenzusammen-

Stoffzusammensetzung des Kupferschiefers und der unteren Teile des Zechsteinkalkes
(Zusammengestellt nach E. KAUTZSCH, 1954)

		Na	K	MgO	CaO	MgO + CaO	SiO_2	Al_2O_3	*	C	**	$CaCO_3$***	CO_2	Skleroskophärte
Zechsteinkalk i. e. S.									10		10	<60		
Fäule									74		15	11,6		56
Dachklotz	1.	0,39	1,68	12,13	20,24	32,37	22,72	7,31	34	0,45	6	59,8	27,57	59
Schwarze Berge	1.	0,73	2,89	5,51	7,94	13,45	42,10	14,05	45	3,59	12	43,0	10,06	60
	2.	0,91	2,63	6,96	8,63	15,59	43,25	15,39		2,28			10,58	
	3.	0,92	3,15	4,09	10,00	14,09	46,38	14,57		2,95			8,41	
	D	0,85	2,89	5,52	8,86	14,38	43,91	14,67		2,94			9,68	
Kopf	1.	0,71	3,11	4,82	9,08	14,90	37,24	13,44	63	6,06	19	18,1	11,35	43
	2.	0,74	2,55	5,06	10,60	15,66	39,45	14,27		5,14			10,08	
	3.	0,36	2,40	3,09	20,10	23,19	32,76	10,73		4,32			15,87	
	D	0,60	2,69	4,32	13,26	17,92	36,48	12,81		5,17			12,43	
Kammschale	1.	0,73	3,41	3,75	5,05	8,80	42,31	15,91	53	10,00	23	23,6	5,16	⊥ z. Schichtg.
	2.	0,89	2,57	2,86	11,43	14,29	34,30	12,45		10,78			7,64	49
	3.	0,67	2,18	2,61	15,03	17,64	31,00	12,54		10,92			10,80	‖ z. Schichtg.
	D	0,73	2,72	3,07	10,50	13,58	35,87	13,63		10,57			7,87	36
Grobe Lette	1.	1,14	3,41	3,22	4,61	7,83	44,58	17,57	50	9,55	14	35,8	3,94	48
	2.	1,05	2,81	3,01	11,92	14,93	36,50	13,62		9,78			7,99	
	3.	0,52	1,82	2,18	19,87	22,05	25,25	10,62		11,28			13,99	
	D	0,90	2,68	2,80	12,13	14,94	35,44	13,94		10,20			8,51	
Feine Lette	1.	0,71	4,02	2,58	2,65	5,23	52,35	20,45	55	6,37	17	27,8	1,91	26
	2.	0,89	2,85	3,43	4,44	7,87	50,00	18,00		4,60			2,93	
	3.	0,92	2,23	2,08	8,90	10,98	29,75	14,22		15,11			5,69	
	D	0,83	3,03	2,69	5,33	8,03	44,03	17,56		8,69			3,51	

1. Proben aus Lademann-Schacht, Flügel V
2. Proben aus Thälmann-Schacht, Flügel 13
3. Proben aus Brosowski-Schacht, Flügel 9

D Durchschnitt

* in HCl unlöslicher Rest; Feldspat- u. Quarzteilchen u. tonige Anteile (Kaolin u. Serizit, pelitische Fraktion)

** in HCl lösliche Tonsubstanz der angewitterten Feldspäte, kl. Teil d. organ. Substanz Dolomit u. Erzmineral.

*** Probenanalysen aus dem Thälmann-Schacht

setzung ist ziemlich gleichbleibend. Die gröbste Fraktion erreicht im allgemeinen keine 6 mm Ø[1]). Eine Klüftung ist vorhanden, tritt jedoch zurück und die Kluftabstände liegen außerhalb von Störungszonen in der Größenordnung von Metern.

Das Weißliegende liegt auf oberrotliegenden Eislebener Schichten. Der sonst in den westlichen Teilen der Mansfelder Mulde unter dem Weißliegenden in größeren Mächtigkeiten auftretende oberrotliegende Sandsteinschiefer keilt im untersuchten Abschnitt des Schlüsselstollens aus.

3.2 Der Kupferschiefer

Der im Gebiet der Mansfelder Mulde etwa 35 cm mächtige Kupferschiefer kann petrographisch als ein schwach bituminöser, kohlenstoffhaltiger, buntmetallsulfidführender, feinstgeschichteter bis feinstflaseriger, schwarzgrauer Mergelkalk angesprochen werden (nach den Untersuchungsergebnissen von K. WAGEMANN, 1926; H. SCHNEIDERHÖHN, 1921, 1923 u. 1926 und E. KAUTZSCH, 1954).

Der Kupferschiefer läßt sich auf Grund petrographischer Unterschiede in Lagen einteilen. In der Mansfelder Mulde unterscheidet man:

Hangendes:	Zechsteinkalk	(4,0— 8,0 m)
Kupferschieferflöz:	Schwarze Berge	(12,0—17,0 cm)
	Köpfchen	(0,8— 1,2 cm)
	Grauer Kopf	(4,0— 6,5 cm)
	Schwarzer Kopf	(2,5— 4,0 cm)
	Kammschale	(2,6— 4,0 cm)
	Grobe Lette	(4,0— 6,0 cm)
	Feine Lette	(2,0— 5,0 cm)
Liegendes:	Weißliegendes	
	Sandsteinschiefer	
	Porphyrkonglomerat	

Häufig läßt sich beobachten, daß die Mächtigkeiten des Kupferschieferflözes auf den weißliegenden Dünenbergen reduziert sind. Besonders werden die unteren Lagen betroffen. Im Schlüsselstollen allerdings konnten keine nennenswerten primären Abweichungen von der Regelmächtigkeit beobachtet werden.

Der Kupferschiefer lagert mit scharfer Grenze dem Weißliegenden auf. Gegen den hangenden Zechsteinkalk ist die Grenze petrographisch nicht so deutlich, jedoch durch einen immer nachweisbaren Farbwechsel von schwarzgrau nach dunkelgrau erkennbar. Eine Löserfläche ist im ausgeprägten Maße an der Hangendgrenze nicht entwickelt.

Allgemein läßt sich feststellen, daß die Mergelanteile in den unteren Teilen des Flözes am größten sind und nach oben abnehmen. Desgleichen wird der organische Substanzanteil zum Hangenden hin geringer, womit eine gewisse Farbaufhellung verbunden ist. Der Kalkgehalt dagegen nimmt von unten nach oben zu. Über die Gesteinszusammensetzung liegen Untersuchungen vor, die nach E. KAUTZSCH (1954) in der Tabelle zusammengestellt sind.

3.3 Der Zechsteinkalk

Der am Nordrand der Mansfelder Mulde etwa 5 bis 7 m mächtige Zechsteinkalk wird seit altersher in mehrere Abschnitte eingeteilt. Man unterscheidet:

Hangendes:	Werra-Anhydrit		
Zechsteinkalk:	Zechsteinkalk i. e. S.		(4,5 m)
	Fäule	Muschelfäule Braune Fäule Milde Fäule	(1,15 m)
	Dachklotz (= Graue Berge oder Dachberge)		(0,3—0,35 m)
Liegendes:	Kupferschiefer		

[1]) Das Maximum liegt mit 0,5 mm bei 30%

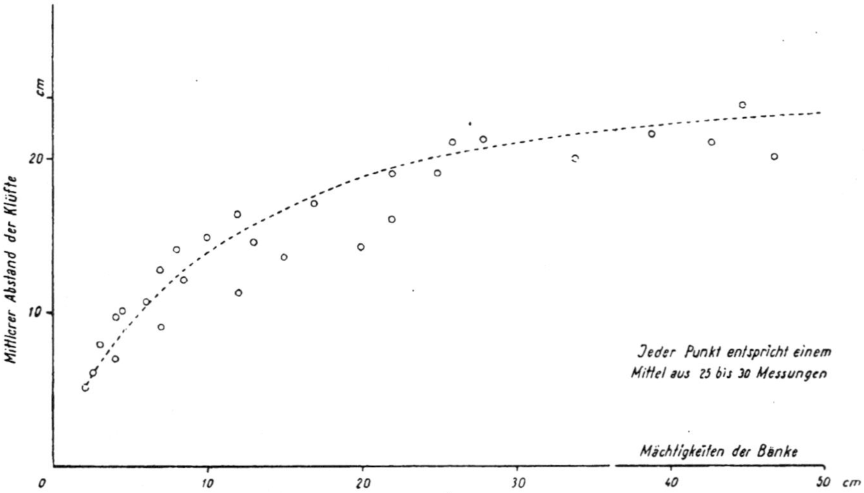

Abb. 3. Abhängigkeit der Kluftabstände von der Bankmächtigkeit im Zechsteinkalk (aufgenommen im Steinbruch westlich der Straße von Friedeburgerhütte nach Straußdorf am Nordrand der Mansfelder Mulde).

Die Mächtigkeiten des Zechsteinkalkes unterliegen häufig auf den weißliegenden Dünenbergen engräumigen Schwankungen. Daneben sind aber auch außerhalb des Verbreitungsraumes des Weißliegenden Mächtigkeitsschwankungen feststellbar. Die in obiger Aufstellung gegebenen Mächtigkeitsangaben beziehen sich auf die im Schlüsselstollen angetroffenen Verhältnisse.

Der Name Zechsteinkalk oder Zechstein für die im Hangenden dem Kupferschiefer auflagernden Kalke wird von „zach" (zähe) hergeleitet. Hieraus ergibt sich ein Hinweis auf seine Konsistenz, die in den unterschiedenen Abschnitten jedoch nicht gleichbleibt. Hinsichtlich seiner Zusammensetzung wird auf die Tabelle verwiesen.

Der Dachklotz besteht aus einem dunkelgrauen, relativ spröden, ungebankten Kalk.

Die Fäule besteht aus einem weichen bis milden („faulen"), olivgrauen, relativ mergeligen, ungebankten Kalkstein. In den oberen Teilen ist der Bruch muschelig (deshalb Muschelfäule).

Der übrige Zechsteinkalk (im engeren Sinne) besteht aus grauen (wechselnde Farbwerte), mehr oder weniger gebankten Kalken. Die Mergelgehalte sind gegenüber der Fäule bedeutend geringer. Die Klüftigkeit nimmt in dem Maße zu, wie die Bankung hervortritt (Abb. 3).

4. Profilaufnahmen aus der Kupferschieferzone im Schlüsselstollen

Nachfolgend werden Profilaufnahmen beschrieben, die hinsichtlich der Reaktionen des Kupferschiefers bei tektonischer Beanspruchung Aussagewert besitzen. Alle Stellen sind heute noch zugänglich. Die vom Mundloch ausgerechneten Meterangaben sind ungenau, da die Einmessung bei den Stoßaufnahmen vom Kahn aus mit dem Bandmaß nur roh bestimmt werden konnten. Die Endstrecke zwischen Mundloch und 13. Lichtloch ergab beim Vergleich mit alten Rißunterlagen eine positive Differenz von etwa 50 m. Dies entspricht bei einer Meßstrecke von 3000 m einer mittleren Abweichung von 1,7 m auf 100 m.

An zwei mit etwa 310° streichenden und etwa 70° nach Südwesten einfallenden Abschiebungen (s. Abb. 4) ist der südwestliche Teil der Schichtenfolge um etwa 40 cm abgesunken. Zwischen diesen beiden Verwerfungen über dem Flöz liegt ein kleinerer Horst, der um etwa 50 cm gehoben ist. Im Liegenden hat die Abschiebung auf nur einer Bewegungsfläche stattgefunden. Die Flözmächtigkeit ist beiderseits der Verwerfung auf 10 bis 20 cm reduziert. Der Kupferschiefer ist auf die unmittelbare Verwerfungszone unter dem Horst diapirartig eingedrungen. Im Flöz schwimmt eine kleine Scholle Weißliegendes.

Da Abschiebungen mechanisch eine zerrende Beanspruchung des Gebirges voraussetzen und zugleich der Ausdruck einer Raumvergrößerung sind, wanderte der sehr plastische Kupferschiefer, entsprechend dem entstandenen Druckgefälle, in die Verwerfungszone zwischen beiden Schollen und dem beschriebenen Horst. Deshalb wurde die Mächtigkeit des Flözes auf beiden Seiten der Abschiebung reduziert. Die kleine, wurzellos

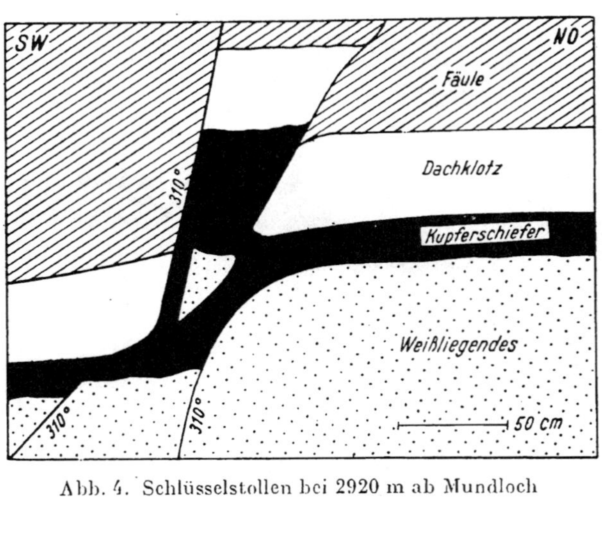

Abb. 4. Schlüsselstollen bei 2920 m ab Mundloch

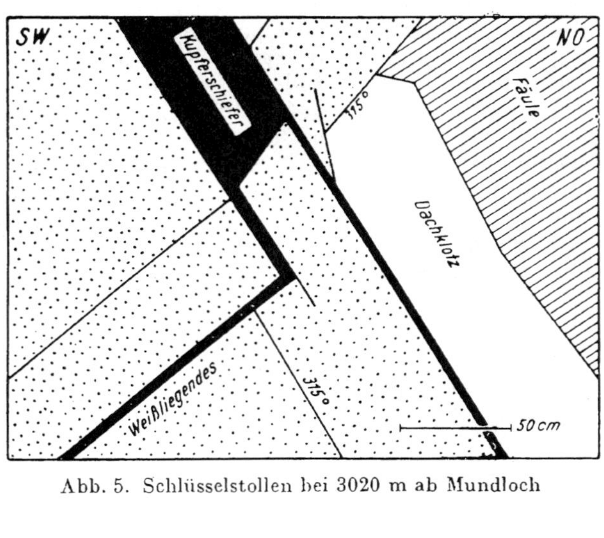

Abb. 5. Schlüsselstollen bei 3020 m ab Mundloch

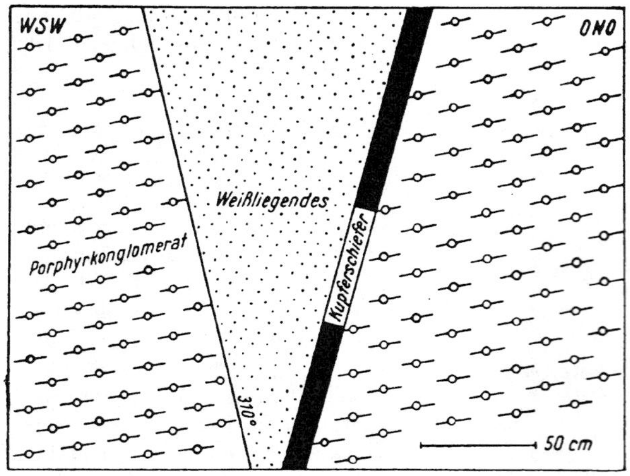

Abb. 6. Schlüsselstollen bei 3090 m ab Mundloch

im Kupferschiefer schwimmende Scholle aus Weißliegendem wurde bei dem Einwandern des Kupferschiefers auf den Verwerfungsraum aus dem Liegenden gerissen und verfrachtet.

An mehreren mit etwa 315° streichenden Verwerfungen ist das Gebirge in kleine Schollen zerstückelt (s. Abb. 5). Die Schichten fallen im Gegensatz zu dem allgemein südlichen bis südwestlichen Einfallen an dieser Stelle mit etwa 50° nach Nordwesten ein. Das Flöz zeigt in dem oberen Teil des Profils scheinbar normale Mächtigkeit. Im unteren Teil des Profiles ist die Mächtigkeit jedoch stark reduziert. Auffällig ist wiederum, daß der Kupferschiefer auf Grund seiner großen Plastizität auf die mit etwa 40° nach Südwesten einfallende Verwerfung im Weißliegenden gequetscht wurde. In der Mitte des Profiles liegt eine kleine Scholle Weißliegendes über dem Flöz im Zechsteinkalk. An zwei etwa 40° nach Südwesten einfallenden Verwerfungen wurde Weißliegendes bis in den Zechsteinkalk aufgeschoben. Außerdem hat eine von Nordosten nach Südwesten gerichtete Schubbewegung stattgefunden. Dabei ist Weißliegendes fast gleitbrettartig von Weißliegendem überschoben worden. Die Bewegungsbahn ist durch den Kupferschiefer vorgezeichnet. Vor der Stirn dieser Überschiebung erfuhr das Flöz eine Pressung und Stauchung, wie die Textur im Kupferschiefer erkennen ließ.

Es darf angenommen werden, daß die Mächtigkeit des Flözes im oberen Teil der Profilabbildung wohl ursprünglich reduziert war, aber durch die Stauchung vor der Überschiebung wieder nahezu auf die normale Mächtigkeit gebracht wurde. Vor der von Nordosten nach Südwesten gerichteten Überschiebung wurde nicht nur das Liegende, sondern auch das Hangende des Flözes, allerdings in geringem Maße, mitbetroffen. Das an den beiden nach Südwesten einfallenden Verwerfungen bis in den Zechsteinkalk aufgeschobene Paket Weißliegendes wurde dabei ebenfalls mit zerbrochen und versetzt. Es lassen sich also deutlich zwei Bewegungen unterscheiden:

a) Aufschiebung: Weißliegendes wurde horstartig bis in den Zechsteinkalk an zwei nach Südwesten einfallenden Verwerfungen aufgeschoben.

b) Überschiebung: Weißliegendes wurde fast gleitbrettartig über Weißliegendes in den Kupferschiefer überschoben.

Aus der Tatsache, daß die Aufschiebung von der Überschiebung mit betroffen wurde, ergibt sich ein deutliches Nacheinander der Bewegungen.

In diesem Profil ist Weißliegendes grabenartig an zwei mit 340° streichenden und mit 75° nach WNW bzw. ONO einfallenden Verwerfungen bis in das mit rd. 10° nach WSW einfallende Porphyrkonglomerat abgesunken (s. Abb. 6). Auf der nordöstlichen Verwerfung wurde Kupferschiefer eingequetscht.

Das Profil der Abb. 7 zeigt eine mit 16° streichende und mit 50° nach Südosten einfallende Abschiebung, an der der südöstliche Flügel abgesunken ist. Der Kupferschiefer ist auf den Raum zwischen die Verwerfungsfläche, auch in dem Teil der Abschiebung, der im Weißliegenden liegt, eingequetscht worden und hat wohl als ein Schmiermittel gedient. Südöstlich der Abschiebung ist das Flöz abgebaut und versetzt worden.

An einer mit 17° streichenden und mit 80° nach Süden einfallenden Abschiebung (s. Abb. 8) ist der südliche Teil der Schichtenfolge unterhalb des Kupferschiefers um rd. 50 cm abgesunken. Die Flözmächtigkeit ist auf beiden Seiten der Verwerfung reduziert. Das Weißliegende ist entsprechend der Bewegungsrichtung geschleppt. Der Kupferschiefer ist teilweise auf Grund seiner plastischen Konsistenz auf den Raum zwischen den Bewegungsflächen im Hangenden des Flözes, wo der Dachklotz zu synthetischen Staffeln zerbrochen ist,

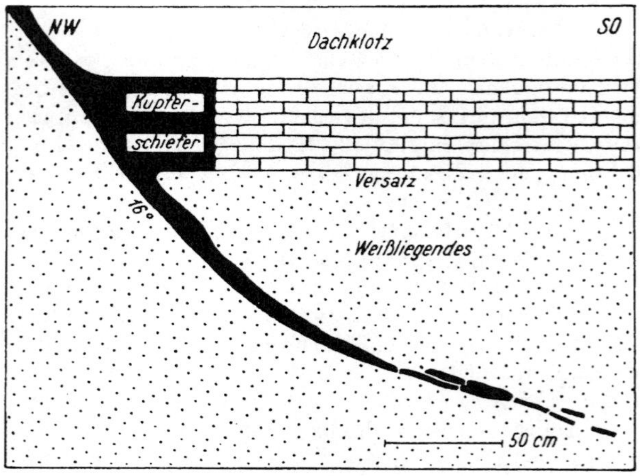

Abb. 7. Schlüsselstollen bei 3215 m ab Mundloch

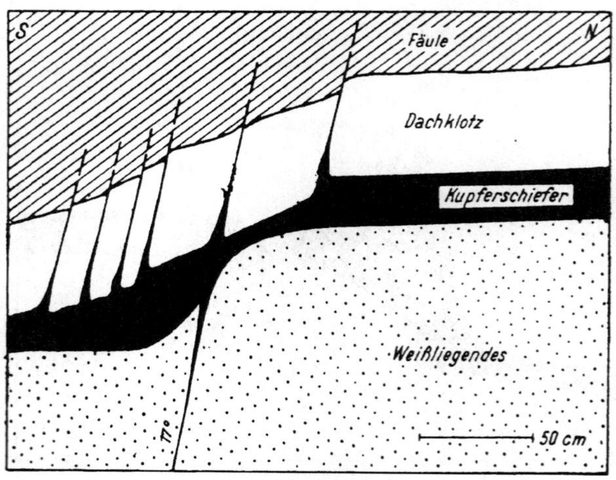

Abb. 8. Schlüsselstollen bei 3140 m ab Mundloch

eingedrungen. Die einzelnen Brüche im Dachklotz setzen nicht durch das Kupferschieferflöz. Die zerrende Beanspruchung, der das Gebirge unterlag, hat im Liegenden des Flözes zu einer Abschiebung geführt, wobei die Bewegung auf einer einzigen Fläche stattgefunden hat. Im Hangenden des Flözes hat die durch die Abschiebung bedingte Biegebeanspruchung zu einem synthetischen Staffelbruch geführt.

Einige nordsüdstreichende Verwerfungen (s. Abb. 9) haben das Flöz auf engem Raum in einzelne Schollen zerlegt. Im nordwestlichen Teil des Profils ist das Kupferschieferflöz an einer steil einfallenden Verwerfung um etwa 15 cm abgeschoben. Im Südosten dieser Abschiebung ist das Weißliegende horstartig stehengeblieben. Die Verwerfung, an der die nordwestliche Schichtenfolge abgeschoben wurde, verklingt im Kupferschiefer. Zum Teil ist das Flöz an den Verwerfungen entsprechend dem Bewegungssinn geschleppt.

An der südöstlichen Seite dieses Horstes ist ein flacher Span abgelöst, bei dem die Oberkante des Weißliegenden um weitere 10 cm gehoben worden ist.

Im Südosten wird der Horst durch eine Abschiebung begrenzt, an der die südöstliche Schichtenfolge um etwa 20 cm abgesunken ist. Die Abschiebung zeigt im Hangenden des Flözes ein flacheres östliches Einfallen als im Liegenden. Die Mächtigkeit des Kupferschiefers ist beiderseits dieser Abschiebung besonders über dem Horst reduziert. Im südöstlichen Teil der Profilabbildung sind die oberen zwei Drittel des Flözes an einer ziemlich steil nach Nordwesten einfallenden Verwerfung auf den Dachklotz und auf die unteren Teile der Fäule aufgeschoben.

Die Verwerfung selbst setzt nicht bis in das Weißliegende durch, sondern verklingt im Flöz. Die Mächtigkeit des Kupferschiefers ist südöstlich reduziert und beträgt nur etwa 10 cm.

An vier von 16° bis 18° streichenden, steil einfallenden Verwerfungen (s. Abb. 10) ragt das Weißliegende in Form eines uneinheitlichen Horstes etwa 15 cm bis 20 cm in das Kupferschieferflöz. Der mittlere Teil dieses Horstes ist um einige Zentimeter grabenartig abgesunken. An den Verwerfungen ist das Flöz leicht geschleppt. Die Verwerfungen setzen vom Liegenden nicht bis in das Hangende des Flözes durch, sondern verklingen im Kupferschiefer. Die an sich schon reduzierte Mächtigkeit des Flözes ist über dem Horst bis auf einige Zentimeter vermindert.

An einer mit 15° streichenden, mit 60° nach Nordwesten einfallenden Abschiebung (s. Abb. 11) ist das Flöz um rd. 100 cm abgesunken. Das Flöz und das Weißliegende wurden stark geschleppt. Der Dachklotz ist in unmittelbarer Nähe der Verwerfung z. T. zu einer synthetischen Staffel zerbrochen.

Das bei der Schleppung auftretende Biegemoment im Dachklotz hat zu einem Zerbrechen des relativ spröden Dachklotzes geführt.

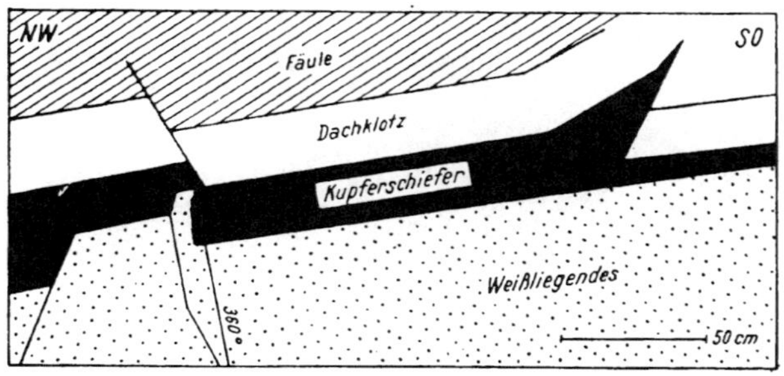

Abb. 9. Schlüsselstollen bei 3300 m ab Mundloch

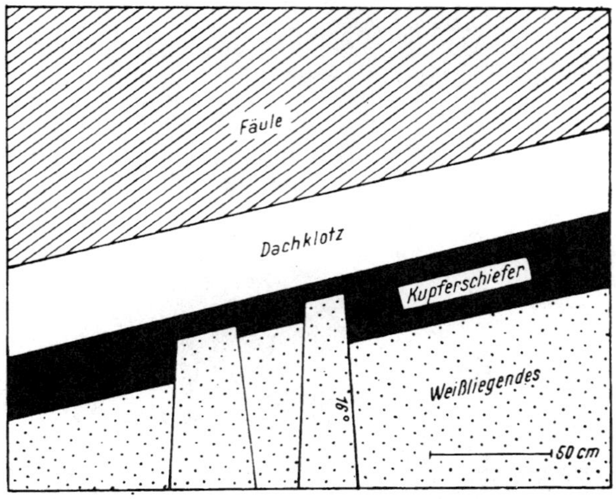

Abb. 10. Schlüsselstollen bei 3310 m ab Mundloch

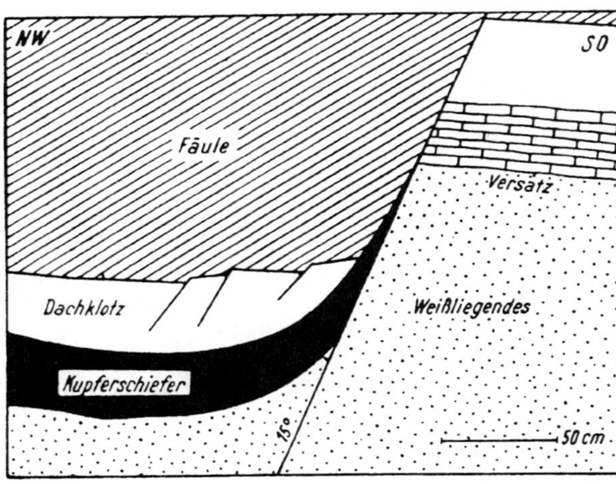

Abb. 11. Schlüsselstollen bei 3370 m ab Mundloch

5. Beobachtungen über die Dynamik der inneren Bewegungen im Kupferschiefer

Die in Abschnitt 4 beschriebenen Profilaufnahmen gehören nach ihrer Größenordnung zum kleintektonischen Formenkreis; dagegen müssen nachstehend beschriebene Beobachtungen zu den kleinsttektonischen gerechnet werden. Entsprechend der Methode der Untersuchungen kann noch nicht im Sinne SANDERs von Gefügeuntersuchungen gesprochen werden. Die Beschreibungen geben lediglich Aufschluß und Hinweise über die Dynamik der inneren Bewegungen im Kupferschiefer bei tektonischer Beanspruchung.

An vorliegendem Handstück ist an der Feinschichtung (s. Abb. 12) erkennbar, daß der Kupferschiefer an mehreren kleinen Staffeln (s. Abb. 13) flexurartig verbogen ist. Die Sprunghöhen betragen etwa 6 mm und sind so gering, daß der innere Gesteinszusammenhalt bewahrt blieb. Das Gestein konnte durch biegende Reaktionen die auftretenden Scherbeanspruchungen kompensieren.

Abb. 12

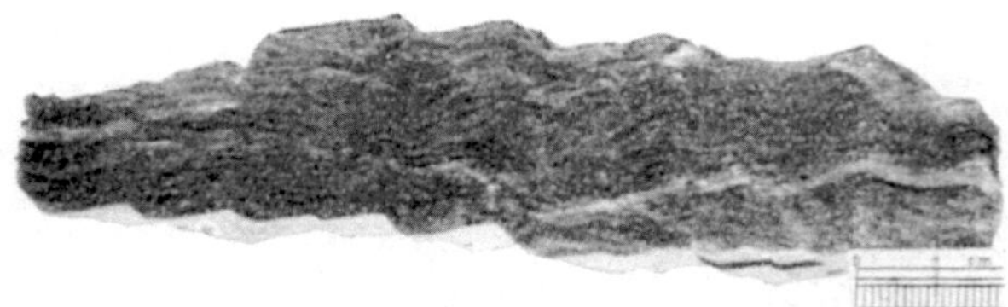

Abb. 12 u. 13 (Seitenansicht). Feinschichtung und flexurartige Staffelung

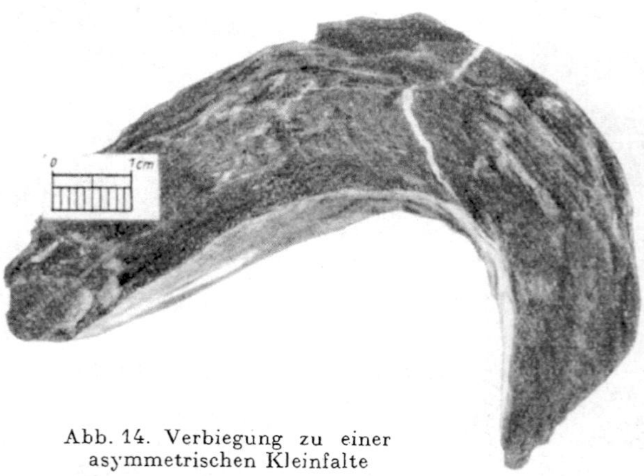

Abb. 14. Verbiegung zu einer asymmetrischen Kleinfalte

Abgebildetes Handstück läßt erkennen, wie der Kupferschiefer zu einer asymmetrischen Kleinfalte (s. Abb. 14) verbogen wurde. Wie die Feinschichtung zeigt, ist der Faltungsprozeß bruchlos erfolgt. Auf den Schichtflächen sind glänzende Harnische ausgebildet (s. Abb. 15), die darauf hinweisen, daß die inneren Spannungen durch Bewegungen auf den durch die Feinschichtung vorgezeichneten Bahnen ausgeglichen wurden. Die Teilbewegungen erfolgten laminar.

Wie an der Feinschichtung des gezeigten Handstückes (s. Abb. 16) erkennbar und durch eine Faserkalkeinlagerung besonders hervorgehoben, war der Kupferschiefer einer stauchenden Druckbeanspruchung ausgesetzt. Auf den Schichtfugen sind glänzende Harnischflächen entwickelt (s. Abb. 17), die in gleicher Weise wie in dem vorher beschriebenen Handstück (Abb. 14 und 15) darauf hindeuten, daß auf den Schichtfugen laminare Teilbewegungen stattgefunden haben. $CaCO_3$-haltige Lösungen migrierten auf einige Schichtfugen. Dort kristallisierte aus ihnen Faserkalkspat aus.

Das abgebildete Kupferschieferhandstück (s. Abb. 18) aus der Feinen Lette zeigt auf der Oberfläche und im Inneren zahlreiche gut ausgebildete Harnische, die mit vielen unregelmäßig begrenzten Kupferkiesbeschlägen belegt sind. Die Harnische durchsetzen die Feinschichtung des Kupferschiefers spießwinkelig.

6. Analyse und Deutung der Befunde

In den Abschnitten 4 und 5 haben sich Hinweise über den Bewegungsmechanismus in der Kupferschieferzone speziell im Flöz ergeben. Der Kupferschiefer besitzt gegenüber seinem Liegenden und Hangenden eine große Mobilität. Er reagiert bei Druck-, Zug- oder Scherbeanspruchungen geringeren Ausmaßes nicht durch Zerbrechen, sondern plastisch und wandert entsprechend dem Druckgefälle in Richtung auf die Dislokationen. Deshalb finden sich in deren Nähe oftmals weit über das normale Maß hinausgehende Flözmächtigkeiten. Zum Teil wird der Kupferschiefer weit auf die Verwerfungen eingequetscht. Dort dient er wahrscheinlich in gewissem Umfang als ,,Schmiermittel", indem das tonige Material die Reibungswiderstände auf den Bewegungsflächen verringert. Besonders mobil sind die unteren Teile des Kupferschieferflözes (Feine und Grobe Lette).

Auf Grund seiner plastischen Reaktionsfähigkeit ist der Kupferschiefer trotz seiner geringen Mächtigkeit in der Lage, Bewegungen zu kompensieren. Verwerfungen geringer Sprunghöhen setzen nicht vom Liegenden ins Hangende des Flözes durch. Häufig reagieren Weißliegendes und Zechsteinkalk bei gleichem Beanspruchungsplan verschieden. Der Kupferschiefer bildet einen Ausgleichshorizont.

Auffällig ist, daß von dem allgemeinen, der Kupferschieferzone mitgeteilten Bewegungsimpuls jeweils nur die zum Flöz gehörigen Lagen kompensierend reagieren, trotzdem die Grenze gegen den hangenden Dachklotz petrographisch wenig deutlich ist. Sie ist lediglich durch den Farbwertumschlag von schwarzgrau nach dunkelgrau megaskopisch wahrnehmbar. Es muß nach den Gründen hierfür gefragt werden. An Hand der Tabelle ist festzustellen, daß hierfür die geringere Kohäsion, die sich u. a. in der Skleroskophärte ausdrückt, für das unterschiedliche Verhalten zwischen Flöz und Dachklotz nicht zur Erklärung herangezogen werden kann. Zum Beispiel ist sie in den zum Flöz gehörenden Schwarzen Bergen ungefähr so groß wie im Dachklotz oder in der

Abb. 15. (Aufsicht)

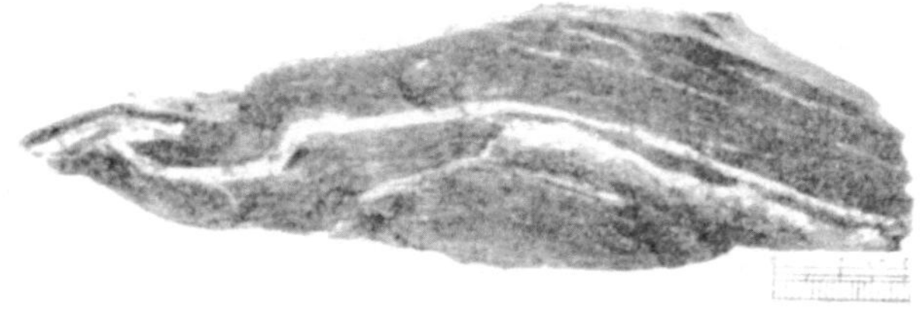

Abb. 16. Feinschichtung durch Faserkalkeinlagerung

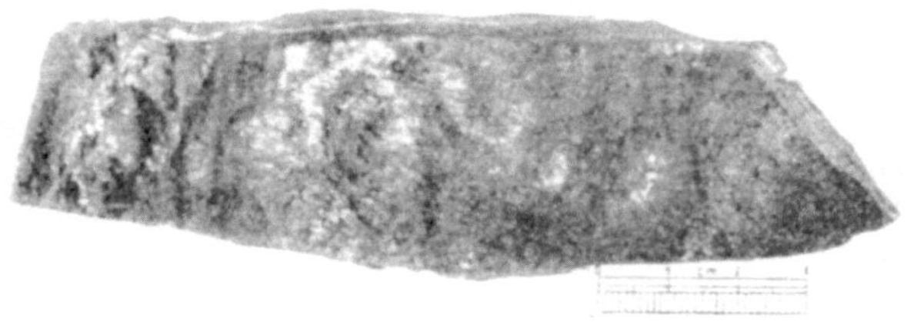

Abb. 17. (Seitenansicht)

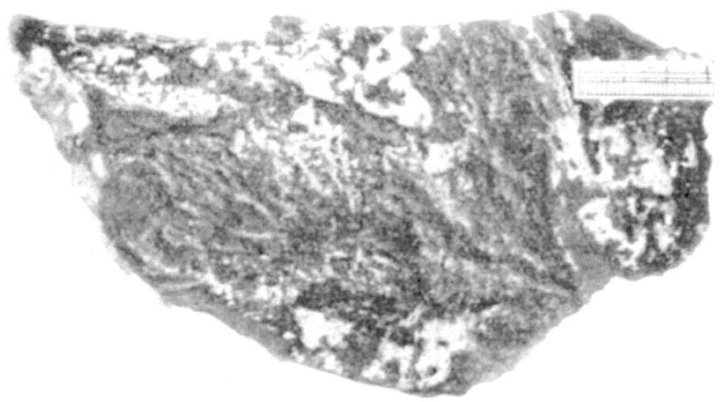

Abb. 18. Kupferschieferhandstück

Fäule. In allen Fällen haben jedoch die Schwarzen Berge mit an den Bewegungen des Kupferschiefers teilgenommen.

Auch die im Durchschnitt höheren Karbonatgehalte im Dachklotz geben hierfür keine Erklärung. In der Fäule z. B. liegen sie noch weit unter den tiefsten Werten der Kupferschieferlagen und die Fäule reagiert nicht wie der Kupferschiefer. Dies wäre um so mehr anzunehmen, da auch der Gehalt an Feldspat, Quarz, Kaolin und Serizit in der Fäule mit 89% einen Maximalwert annimmt.

Nur die Kohlenstoffgehalte ändern sich sprunghaft. Es wäre denkbar, daß sie auf die Mobilität einen geringen Einfluß haben. Nach den Untersuchungen WAGEMANNs (1926) besteht der organische Anteil aus $^6/_7$ fixem Kohlenstoff, der nach seinem Inkohlungsgrad einer Fett- bis Magerkohle entspricht. Eine gewisse Koordinierung der Kohlenstoffmaterie zu Sechserringen erhöht zwar die Translationsfähigkeit im Gitter, aber bei dem relativ geringen Anteil der kohligen Substanz an der Zusammensetzung des Kupferschiefers ist dieser Einfluß, wenn überhaupt, dann nur in sehr geringem Umfange wirksam. Deshalb ist anzunehmen, daß die Mobilität des Kupferschiefers durch seine feinschichtige bis feinstflaserige Textur bedingt ist. Im Liegenden und Hangenden des Flözes fehlt sie allgemein. Der maßgebende Einfluß der Textur auf den inneren Zusammenhalt ergibt sich u. a. auch aus der unterschiedlichen Skleroskophärte ⊥ und || zur Schichtung (s. Tabelle). Parallel ist sie am geringsten.

Auch durch die Druckfestigkeitsuntersuchungen H. WÖHLBIERs (1931) wurde die enge Beziehung der Festigkeit des Gesteins von der Richtung des Druckvektors festgestellt, wenn auch die ermittelten Werte für unsere Betrachtungen nur wenig Bedeutung haben, da nicht angegeben wurde, aus welchen Flözlagen die untersuchten Proben stammten. Es läßt sich jedoch immerhin erkennen, daß die zum Zerbruch führenden Drücke ⊥ zur Schichtung geringer als die || zur Schichtung stehenden waren. Im Zechsteinkalk waren sie mit 1000 bis 2000 kg/m² etwa doppelt so groß. Außerdem ging aus den Untersuchungen hervor, daß die Dauer der Drucksteigerung bis zum Zerbruch von Bedeutung ist. Auf die Natur übertragen heißt dies, daß eine bruchlose Verformung bei langanhaltenden Druckbeanspruchungen eher möglich ist als bei kurzer.

Aus den beschriebenen Beobachtungen und Befunden ergibt sich mithin, daß der Kupferschiefer durch seine Textur im Gegensatz zum Liegenden und Hangenden prädestiniert ist, Beanspruchungen zu kompensieren. Die Ausgleichsbewegungen finden auf den Schichtfugen statt, und die Detailbewegungen erfolgen laminar. Dabei entstehen auf den Schichtfugen Harnische oder die sog. Bergschrift (J. WEIGELT, 1926). In der Nähe der Dislokationen finden sich auf ihnen und den Schichtfugen häufig Kupferkies und gediegene Silberbeschläge, die auf Lösungsmigrationen schließen lassen.

Zusammenfassung

Der Kupferschiefer reagiert bei tektonischer Beanspruchung plastisch. Er wandert entsprechend dem Druckgefälle auf oder an die Verwerfungen und staut sich dort zu anormalen Mächtigkeiten. Das Flöz bildet einen Ausgleichshorizont; Dislokationen kleineren Ausmaßes setzen nicht von seinem Liegenden zum Hangenden durch. Es ist festzustellen, daß an den kompensierenden Bewegungen nur das Kupferschieferflöz beteiligt ist, trotzdem die Grenze zum Zechsteinkalk petrographisch unscharf ist. Die Ursache hierfür ist allein in der feinschichtigen Textur zu suchen. Die Ausgleichsbewegungen finden parallel zur Schichtung auf den Schichtfugen statt.

Literatur

GALLWITZ, H.: Über tektonische Selektion. Geotektonisches Symposium zu Ehren von H. STILLE, S. 20–37, Stuttgart 1956.

KAUTZSCH, E.: Tektonik und Paragenese der Rücken im Mansfelder und Sangerhäuser Kupferschiefer – GEOLOGIE, Jg. 2, H. 1, S. 4–27, Berlin 1953.

KAUTZSCH, E. & EISENHUTH, K.: Handbuch für den Kupferschieferbergbau – Leipzig 1954.

KAYSER, E.: Geologisches Blatt Cönnern 1:2500 u. Erläutg. – 1884.

SCHNEIDERHÖHN, H.: Chalkographische Untersuchungen des Mansfelder Kupferschiefers – N. Jb. f. Min. usw., Beil.-Bd. 47, S. 1–38, Stuttgart 1921.

– Schichtige Erzlagerstätten von strittiger Entstehung – Geol. Rdsch., **14**, S. 60–68, Berlin 1923.

– Erzführung und Gefüge des Mansfelder Kupferschiefers – Metall u. Erz, **23**, S. 143–146, Halle 1926.

WAGENMANN, K.: Einige Grundlagen und wesentliche Gesichtspunkte zur Frage einer günstigen Verarbeitung Mansfeldscher Minen unter besonderer Berücksichtigung eines Aufbereitungsprozesses – Metall u. Erz, **26**, S. 149–154, Halle 1926.

WEIGELT, J.: Die Harnische auf der körnigen Naht. Deformation von Erdpechschiefern – Jb. d. Hall. Verb. f. d. Erf. d. mitteldtsch. Bodenschätze, **5**, S. 112–117, 1926.

WÖHLBIER, H.: Untersuchungen an Gesteinen der Zechsteinformation zur Klärung von Gebirgsdruckfragen im Mansfelder Kupferschieferbergbau und im Kalibergbau – Kali u. verwandte Salze u. Erdöl, 15. Jg., S. 167–171, 177–180, 198–200, 215–217, 230–232, 243–246, 258–263, Halle 1931.

Fundortbedingungen und industrielle Verwendung von Spurenelementen[1]

I. G. MAGAKJAN, Moskau

In den letzten 20—30 Jahren des 20. Jahrhunderts haben in der modernen Technik (Automatik, Elektronik, Radiotechnik und Atomindustrie) die Spurenelemente, darunter die Elemente der seltenen Erden eine außerordentliche Bedeutung erhalten. Diese Elemente trifft man gewöhnlich als Beimischungen in Erzen verschiedener Lagerstättentypen an. Sie werden neben den Hauptkomponenten aus den Erzen dieser Lagerstätten gewonnen. Die Spurenelemente teilen wir in zwei große Gruppen:

I. Elemente, die dispers in Gesteinen (hauptsächlich in den akzessorischen Mineralien), Pegmatiten, Greisen und Skarnen auftreten. Häufig finden sich wirtschaftliche Konzentrationen auch in Seifen.

II. Elemente, die dispers in sulfidischen Erzen hydrothermaler Lagerstätten auftreten. Hauptsächlich handelt es sich um Lagerstätten von Buntmetallen und einiger seltener Metalle.

Zur ersten Gruppe gehören Tantal (Ta), Niob (Nb), Beryllium (Be), Zirkonium (Zr), Hafnium (Hf), Rubidium (Rb), Lithium (Li), Cäsium (Cs) und die Elemente der Gruppe der seltenen Erden. Zu letzteren zählen besonders die Lanthaniden und die ihnen nahestehenden Elemente Yttrium (Y), Cer (Ce), Scandium (Sc) und auch Bor (B).

Zur zweiten Gruppe gehören: Cadmium (Cd), Gallium (Ga), Rhenium (Re), Thallium (Tl), Tellur (Te), Selen (Se), Germanium (Ge) und Indium (In).

In dieser Reihenfolge werden im folgenden kurze Angaben über die industrielle Verwendung und die Fundortsbedingungen gegeben.

Tantal und Niob (Ta und Nb)

Diese Elemente wurden in den Jahren 1801 bis 1802 entdeckt. Seit den letzten Jahrzehnten finden sie große Verwendung. Das Metall Tantal konnte man 1903 darstellen; Niob jedoch erst im Jahre 1929.

Tantal und Niob sind schwerschmelzende, säurefeste Metalle von großer Härte und Elastizität. Der Schmelzpunkt des Tantals liegt bei 2850—3000° C, des Niobs bei 2415—2500° C. Diese Metalle finden Verwendung bei der Herstellung nichtrostender und sonstiger Spezialstähle und -legierungen, aus denen man Dampfturbinen anfertigt. Weitere Verwendung finden sie im Verbrennungsmotorenbau, in der Radiotechnik, in Funkmeßgeräten und Röntgenapparaturen (man nutzt ihre Eigenschaft, Gase, wie Wasserstoff, Stickstoff und Sauerstoff aufzunehmen).

Tantal und Niob verwendet man auch für Gitter in Elektronenröhren, als Gleichrichter für Wechselstrom, als Ersatz für Platin, in der Kriegstechnik, zur Anfertigung von chirurgischen Instrumenten und von Geräten zur Kunstseidenproduktion. Die Karbide von Tantal und Niob kommen in ihrer Härte fast dem Diamant gleich und haben einen sehr hohen Schmelzpunkt. Er liegt für Niobkarbid bei 3500° C und für Tantalkarbid bei 3800° C. Diese Karbide finden bei der Herstellung von Schneidewerkzeugen breite Anwendung.

Die Weltförderung (außerhalb der UdSSR) übersteigt 2500 t Columbit- und Tantalkonzentrate im Jahr (mehr als 2000 t entfallen davon auf Columbit). Die Hauptlieferanten sind Seifen, die mit der Verwitterung von Granitpegmatiten verbunden sind. 95% der gesamten Columbit-Konzentratförderungen entfallen auf Nigeria. Hauptlieferanten der Tantalkonzentrate sind die Seifen Belgisch-Kongos, Brasiliens und Australiens. In der letzten Zeit wurden größere Lagerstätten mit bauwürdigen Konzentrationen von Niob und Tantal entdeckt.

Clarke für Ta 0,002%; Nb 0,003% (nach A. P. WINOGRADOW, 1950). Beide Metalle sind eng mit Granit und Alkaligesteinen verknüpft.

Charakteristische Assoziationen des Tantals und Niobs mit Be, Li, Sn, W, auch mit U, Ti, Zr, Rb, Cs in granitischen Pegmatiten und Niob (mit ganz geringen Mengen von Tantal) mit Zr, SE, Ti und Ga in engster Verbindung mit Intrusionen alkalischer Gesteine (Nephelinsyeniten u. a.) sind zu beobachten.

Die hauptsächlichsten Mineralien des Tantals und Niobs sind folgende:

Columbit (Fe, Mn) Nb_2O_6; bis zu 82% Nb_2O_5;
Tantalit (Fe, Mn) Ta_2O_6; bis zu 86% Ta_2O_5;
Loparit (Na, Ce, Ca) (Nb, Ti) O_3; bis zu 11% Nb_2O_5;
Pyrochlor $(Na, Ca \ldots)_2 (Nb, Ti)_2 O_6 (F, OH)$; bis zu 63% Nb_2O_5 oder 77% Ta_2O_5.
(Die tantalreiche Varietät des Pyrochlors nennt man Mikrolith. Die niob- und cerreiche Varietät nennt man Koppit. Sie enthält 56—62% Nb_2O_5.)
Perowskit $CaTiO_3$; bis zu 1,5% Nb und 2% SE.

Außerdem enthält der Kassiterit aus Pegmatiten und Greisen nicht selten bis zu 4% Ta_2O_5 und Nb_2O_5. Wolframit und Eudialyt enthalten bis zu 0,5% Ta_2O_5, Zirkon bis zu 2% Nb_2O_5 und 0,3% Ta_2O_5, Sphen bis zu einigen Prozenten Nb_2O_5 und 0,1% Ta_2O_5. Tantal und Niob findet man häufig auch im Rutil, Ilmentit und Melanit, wo sie teilweise Titan ersetzen.

Genetische Lagerstättentypen

1. Magmatische Lagerstätten des Loparites sind an Alkaligesteine gebunden, am engsten an Malinite (melanokrate Nephelinsyenite) und Urthite (Ägirin-Nephelin-Gesteine). Diese Gesteine bilden schichtartige Horizonte mit Ausdehnungen bis zu einigen zehn Kilometern. Ihre Mächtigkeit schwankt zwischen 0,1 bis 1 m, und der Gehalt an Loparit liegt zwischen 2,5 bis 20%. Hier lagern riesige Vorräte an Niob und große Vorräte an Ta, Se, Ti und Th.

Die Technologie der Gewinnung von Metallen aus Loparit ist ausgearbeitet und hat eine große Zukunft, besonders in der UdSSR.

2. Pegmatite der Alkaligesteine (mit Loparit, Ilmenorutil und Pyrochlor) sind auf der Halbinsel Kola und im Südural (Wischnewy gory) bekannt.

3. Pegmatite granitischer Magmen (mit Tantalit, Columbit, Beryll, Spodumen, Kassiterit). In den albiti-

[1]) Herausgegeben von der Akad. d. Wiss. der Armenischen SSR, Erewan 1957.

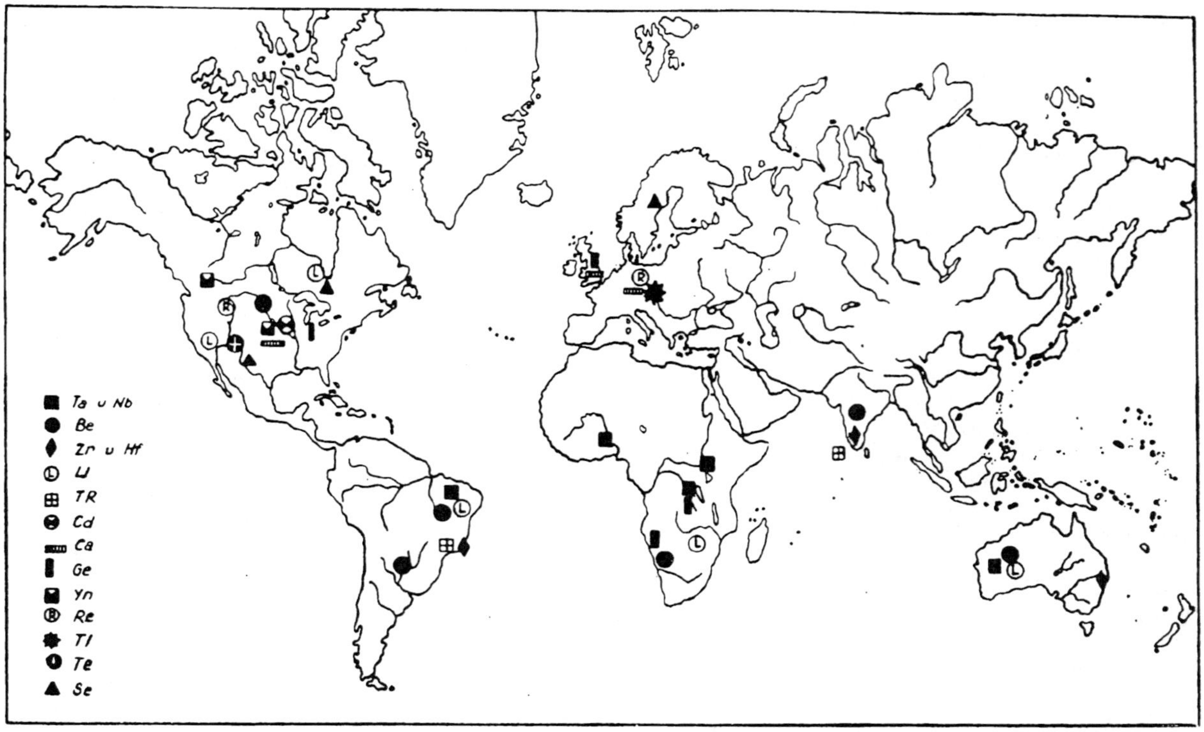

Die Lagerstätten der Spurenelemente und seltenen Erden außerhalb der UdSSR

sierten Teilen der Pegmatite betragen die Gehalte an Columbit und Tantalit 0,03–0,1% und mehr. Zu diesem Typ gehören Lagerstätten in NE-Brasilien, Belgisch-Kongo, Nigeria und auch große Lagerstätten in West-australien, die reich an Tantalit sind. Letztere enthalten auch Beryll und bis zu 1% Cs_2O (Pollucit).

Alluviale Seifen, die mit der Verwitterung der Lagerstätten dieses Types verbunden sind, geben die Hauptmasse der Tantalit- und Columbitkonzentrate.

4. Skarne und metasomatische Lager, die genetisch mit Alkaligesteinen verbunden sind und inmitten karbonatischer Gesteine (Kalksteine und Dolomite) liegen.

Lagerstätten dieses Types sind weit verbreitet und in einigen Gebieten der UdSSR, Afrikas (Uganda, Tanganjika, Kenia, Nord-Rhodesien, Mozambique, Transvaal, SW-Afrika), Brasiliens, der USA, Norwegens und Deutschlands bekannt.

Innerhalb dieser Lagerstätten trennt man oberflächennahe, die an sogenannte Ringvulkane oder Röhren geknüpft sind und tieferliegende, die als Skarnzonen oder als metasomatische Gänge ausgebildet sind.

Die Zusammensetzung der Erze: Perowskit, Pyrochlor, Apatit, ab und zu auch Zirkon, Baddeleyit, Monazit, Uran-Thorianit, Magnetit und andere Mineralien.

Die Ausmaße dieser Lagerstätten sind selten groß. Der Gehalt an Nb_2O_5 beträgt im Erz 0,3–0,5% und mehr. Auf Grund dieser Gehalte bekommen sie ein großes Interesse.

Typische Assoziationen: Nb–Ta–Ti–Zr–SE–Th–U.

5. Hochhydrothermale und pneumatolytische Quarzgänge und Greisen. Sie führen gewöhnlich zinn- und wolframhaltige Erze mit Beimischungen von Tantalo-Columbit.

Zu diesem Typ gehören einige Lagerstätten Transbaikaliens, Nigerias und SW-Afrikas.

6. Eluvial-diluviale und alluviale Seifen mit Columbit (Nigeria), Tantalit (Brasilien, Belgisch-Kongo) und Pyrochlor, der Nb, Ta und U enthält (Uganda), sind ebenfalls bekannt. Aus diesen Seifen gewinnt man in der gegenwärtigen Zeit fast das gesamte Niob und Tantal.

Es ist interessant zu bemerken, daß für die Columbit-Seifen von Nigeria eine Verbindung zu verwitterten Pegmatiten und Graniten besteht. Diese Muttergesteine enthalten 300 gr Columbit auf 1 m^3 Gestein und können nach dem Abbau der Seifen in die Gewinnung einbezogen werden.

Beryllium (Be)

Die Minerale Beryll und Smaragd sind schon aus alter Zeit bekannt; seit 5000 Jahren vor der Entdeckung des Berylliums (1798). Die Entdeckung des Berylliums schreibt man dem französischen Chemiker VAUQUELIN zu, der auf die Bitte des Mineralogen HAÜY beide Mineralien untersuchte und die gleiche chemische Zusammensetzung im Beryll und Smaragd feststellte. Die Beryllium-Industrie entstand um 1930.

Beryllium ist ein Metall mit dem spezifischen Gewicht von 1,84. Es findet Verwendung in Legierungen mit Kupfer (Mallorei) und Aluminium (Beralit), im Flugzeug-, Schiffs- und Motorenbau. Zusätze von 0,01% Be in Magnesiumlegierungen verhindern ihr Brennen bis zu einer Temperatur von 700° C. Kupfer-Beryllium-Bronze (Be 2,5–3%) hat die Festigkeit des Stahles. Weite Verwendung finden auch Be-Legierungen mit Ni, Zn und Fe.

Eine bedeutende Menge von Beryllium oder seiner Verbindungen werden zur Herstellung der Fenster von Röntgenröhren, hochisolationsfähiger Porzellane, zum

Emaillieren von Aluminium, wie auch zur Herstellung verschiedener Teile der Atomreaktoren verwendet. Beryllium benützt man im letzteren Fall zur Verringerung der Geschwindigkeit der schnellen Neutronen in Reaktoren, in welchen natürliches Uran zur Verwendung gelangt. Die Anwendung von Beryllium in den Reaktoren der verschiedenen Typen dient gleichzeitig zum Bremsen und Reflektieren der Neutronen, was zu einem Minimum ihrer Streuung und einer gleichzeitigen Erhöhung der Kapazität der Reaktoren führt. Beryllium findet weiterhin Verwendung für Fernseh- und Elektrogeräte, als Antikathoden in Zyklotronen und als Elektroden in Neonsignallampen. Unter Einwirkung von Alphastrahlen oder Deutronen beginnt Beryllium selbst oder zusammen mit einem Radiumpräparat sehr intensiv Neutronen auszustrahlen. Diese Eigenschaft nützt man in der Technik zur Zertrümmerung des Atomkernes.

Es muß jedoch bemerkt werden, daß die Arbeit mit Beryllium oder seinen Verbindungen eine große Gefahr für die Gesundheit bedeutet.

Im Jahre 1953 wurden 9000 t Be-Konzentrate gewonnen. Die Hauptproduzenten sind Brasilien (70%), Indien, Argentinien, Australien und die USA.

Clarke von Be 0,0006%. Das Element ist verbunden mit granitischen und seltener mit alkalischen Magmen. Es konzentriert sich in Pegmatiten, in hochhydrothermalen Lagerstätten, seltener in Skarnen und mittelbis niedrigthermalen, hydrothermalen Lagerstätten. Die Hauptmineralien sind:

Beryll $Be_3Al_2(Si_6O_{18})$; Be 5,1% (BeO 14,1%)

Helvin $Mn_8(BeSiO_4)_6S_2$; Be 4,9% (BeO 13,6%).

Geringere Bedeutung hat der Chrysoberyll — $BeAl_2O_4$ (Be ungef. 7%) und Phenakit — Be_2SiO_4 (Be 16%). Beimischungen von Beryllium wurden im Vesuvian und Grossular von Skarnen (bis 1% BeO), im Axinit (bis 0,1% BeO) und Orthit (bis 4% BeO) festgestellt. Beryllium konzentriert sich ab und zu in Zeolithen und in einigen Pflanzen. Die Asche des Weizens enthält bis zu 2% Be. Die Asche der Kohlen enthält bis 0,8% Be.

In der letzten Zeit wurden Beryllium-Konzentrationen in alkalischen Gesteinen festgestellt, besonders in alkalischen Pegmatiten, in denen neue Be-haltige Silikate beobachtet werden konnten. Der Nephelin der Alkaligesteine enthält 0,001—0,01% Be, Ägirin und Barkevikit 0,01—0,1% Be. Aller Wahrscheinlichkeit nach kann man Beryllium aus den Abfallprodukten der Aluminiumherstellung aus Nephelinkonzentraten und -gesteinen gewinnen.

Genetische Lagerstättentypen

1. Pegmatite granitischer Magmen — volldifferenziert und blockig mit grobkristallinem Beryll, Li-Mineralien (Spodumen, Lepidolith), Turmalin (häufig als Rubellit), Tantalo-Niobate und Kassiterit.

Lagerstätten dieses Types sind im Kalpinischen Erzgebiet (Kasachische SSR), in den NE-Staaten von Brasilien, Argentinien, Westaustralien, Kanada, USA (Black Hill/Süd-Dakota), Indien (Radschastan), Transvaal, Mozambique, Süd-Rhodesien, Marokko und Madagaskar bekannt.

2. Desilifizierte Pegmatite, die in Serpentiniten lagern und eine Phlogopit-Biotit-Hülle besitzen. Sie sind mit Smaragd angereichert.

Mit den Pegmatiten sind späthydrothermale Gänge verbunden, die reich an Fluorit, Apatit, Sulfiden und Beryll sind. Die letzten drei Generationen des Berylls sind hellgrün, milchweiß (für die Industrie) und feinkristallin. Zu diesem Typ gehören Lagerstätten im Gebiet der Smaragd-Gruben des Urals und des Namaqualandes (Süd-Afrika).

3. Hochhydrothermale und pneumatolytische Quarzgänge und Greisen mit Kassiterit, Wolframit, Molybdänit und Beryll. Zu diesem Typ gehören Lagerstätten von Transbaikalien, eine Reihe von Lagerstätten in Kasachstan und die Smaragd-Gruben Muso und Kostez in Kolumbien.

4. Skarnlagerstätten. Diese teilt man in zwei Untergruppen:

a) Helvin-Lagerstätten (Eisenberg in den USA, Hortekollen in Norwegen und eine Reihe von Lagerstätten in Zentralasien und Kasachstan);

b) Phenakit-Chrysoberyll-Lagerstätten, die reich an Fluorit sind (Lagerstätten des Fernen Ostens).

Weiterhin muß bemerkt werden, daß die Konzentration von Beryllium (0,01% im Mittel) auch in den Erzen einiger polymetallischer Skarnlagerstätten auftreten kann. Es sind tiefthermale Stockwerksvererzungen von Quarz-Chalzedon-Pyrit-Helvin-Gängchen, die sich nach der Pb-Zn-Vererzung bildeten.

In den Staaten Arizona und Utah/USA wurden einige große, bauwürdige Lagerstätten armer Beryllerze in Graniten entdeckt. Beryll findet sich hier in den Kluftzonen von entfärbten, roten Graniten und kommt in Form hellgefärbter Kristalle vor.

Innerhalb der Skarnlagerstätten ist die Lagerstätte Eisenberg (Iron Mountains) im Staate Neu-Mexiko von Interesse, die 1941 entdeckt wurde.

Das Gebiet setzt sich aus einem sedimentären Komplex paläozoischen Alters zusammen, der von einer Reihe Rhyolithgänge, feinkörniger Granite und Aplite tertiären Alters durchschnitten wird. Am Kontakt der Granite mit den Kalksteinen bildeten sich Skarne, wobei in den magnetitreichen Varietäten die größten wirtschaftlichen Konzentrationen von Beryllium und Wolfram festzustellen waren.

Man trennt die Skarne in zwei Typen: die massiven Magnetit-Andradit-Skarne, die Mächtigkeiten von 30 m erreichen können und die gebänderten Skarne, deren magnetitreiche Lagen mit Fluorit-Helvin-Schichten von allgemein 0,2 mm Mächtigkeit wechsellagern. Diese gebänderten Gesteine („ribbon rocks") bilden Körper ungleicher Form am Kontakt der intrusiven Massen zwischen den Magnetit-Andradit-Skarnen und dem Kalkstein, wobei die Grenze zu den Skarnen scharf und zu den Kalksteinen unscharf ist.

Die gebänderten Gesteine werden als ein Produkt der spätesten hydrothermalen Stadien metasomatischer Prozesse betrachtet, die sich nach den Skarnen bildeten.

Die hydrothermalen Lösungen bedingten eine Zufuhr von Fe, Mn, Zn, Be, F und einer Reihe anderer Elemente. In diesem Stadium bildeten sich: Helvin, Danalit (Fe-reiche Varietät des Helvin), Be-führender Grossular, rosafarbener Epidot und Fluorit. Helvin ist sehr ähnlich dem Granat — isotrop, N=1,730—1,758. Zum Unterschied von Granat löst er sich in starker Salzsäure unter Freiwerden von H_2S.

Der Gehalt an Beryllium in der beschriebenen Lagerstätte beträgt 0,4% Be. Die Vorräte an Beryllium betragen in dieser Lagerstätte ungefähr 30000 t.

Zirkonium (Zr) und Hafnium (Hf)

Das Mineral Zirkon war schon in alter Zeit bekannt und galt als Edelstein. Im Jahre 1914 gelang es, metallisches Zirkonium zu erhalten; das Element Zirkonium wurde aber schon von KLAPROTH im Jahre 1789 entdeckt.

Metallisch reines Zirkonium ist plastisch und schmilzt bei 1900 – 2130° C.

Zirkonium verwendet man bei der Herstellung von Schneidewerkzeugen, Panzerplatten, legiert mit Kupfer als Ersatz von Be-Legierungen, ferner in säurefesten Legierungen mit Ni und Co (bis zu 20% Zr), aber auch in Legierungen mit W, Mo, sowie als Legierungszusatz zum Stahl (bis 0,35% Zr), der hauptsächlich im Schiffsbau Anwendung findet. Zirkonium wird auch bei der Herstellung von Radio- und Elektronenröhren und in der Vakuumtechnik als Ersatz für Tantal in einigen Legierungen verwendet. Geschmolzenes Zirkonium betrachtet man als neue Lichtquelle von hoher Helligkeit; Zr-oxyd besitzt einen sehr hohen Schmelzpunkt (2700 – 2900° C). Zirkonium ist daher ein sehr kostbares und feuerfestes Material.

Weiterhin findet es Verwendung bei der Herstellung von speziellen Porzellansorten, Emaillen und Gläsern.

Clarke des Zirkoniums 0,025%. Es ist eng verbunden mit granitischen und alkalischen Magmen und konzentriert sich häufig in Pegmatiten (Zirkontyp der Pegmatite, A. E. FERSMAN).

Die Hauptmineralien sind:

Zirkon Zr SiO_4; ZrO_2 67%; bis 2% HfO_2;
Baddeleyit ZrO_2; ZrO_2 bis 93%; HfO_2 0,5 – 1,2%;
Eudialyt $(Na, Ca)_6ZrSi_6O_{17}$ (O, OH, Cl); ZrO_2 12 bis 14,5%, bis 0,4% HfO_2.

Der Baddeleyit ist ein Produkt der Verwitterung des Eudialyits und bildet wirtschaftliche Anhäufungen in Brasilien. Er wird dort aus den Verwitterungsrückständen großer Nephelinsyenitmassive an der Grenze der Staaten Minas Geras und Sao Paulo gewonnen. Bekannt sind auch Konzentrationen von Baddeleyit magmatischer Genese.

Jährlich werden aus den Strandseifen von Australien, teilweise auch in Indien und Brasilien, 40 – 50000 t Zirkon-Konzentrate gewonnen. Diese Strandseifen gelten als Hauptlieferant für Zirkonium und dem eng mit ihm verbundenen Hafnium.

Reiche Zirkonseifen (zusammen mit Ilmenit und Rutil) sind auch in der UdSSR im Ural und der Ukraine bekannt.

Hafnium ist eng mit Zirkonium verbunden und bildet keine selbständigen Minerale. Es wurde 1870 von D. J. MENDELEJEW vorausgesagt. Im Jahre 1923 wurde das Element von einem ungarischen Chemiker auf röntgenspektrographischem Wege in Zirkoniumverbindungen entdeckt. Seit 1951 wird auch Hafnium für schwerschmelzbare Legierungen mit Mn, Cr, Fe, Co, Ni und Ag, zur Herstellung von Kathoden für Röntgenröhren, Heizfäden in elektrischen Glühlampen, sowie auch in der Atomindustrie und bei der Herstellung von Pulver verwendet.

Durch seine bedeutende Elektronenemission besitzt das Element Hafnium auch eine große Perspektive für die Radio- und Elektrotechnik. In Form eines Zusatzes von 0,1 – 3% HfO_2 wird es für Wolfram-, Molybdän- und Tantal-Heizfäden verwendet.

Clarke für Hafnium $3,2 \cdot 10^{-4}$%. Als Beimischung trifft man Hafnium in Zirkonium-Mineralien (0,5 – 2% HfO_2).

Es muß noch bemerkt werden, daß in den Zirkonen, die mit granitischem Magma verbunden sind, das Verhältnis $HfO_2 : ZrO_2$ gleich 0,015 ist. Das Verhältnis $HfO_2 : ZrO_2$ in Nephelinsyeniten beträgt dagegen 0,04, d. h. die letzteren Gesteine sind bedeutend reicher an Hafnium als die granitischen Gesteine.

Im Mineral Alwit (eine Varietät des Zirkons) aus Pegmatiten von Norwegen sind 16% HfO_2 ($HfO_2 : ZrO_2$ = 40 : 100) vorhanden. Im Mineral Thortveitit $(Sc, Y)_2Si_2O_7$ ist der Gehalt an HfO_2 höher als an ZrO_2.

Lithium (Li)

Lithium wurde im Jahre 1817 durch den schwedischen Chemiker ARFEVEDSON im Mineral Petalit entdeckt; rein wurde es erst im Jahre 1855 dargestellt.

Lithium ist das leichteste Metall. Sein spezifisches Gewicht beträgt 0,534. Die Li-Produktion begann in den zwanziger Jahren dieses Jahrhunderts und wuchs innerhalb der letzten fünf Jahre um das Fünfzigfache. Dies erklärt sich durch die breite Anwendung von Lithium in der Atomindustrie und besonders zur Herstellung von Wasserstoffbomben. Bei der Bombardierung der Atome des Lithiums durch H-Protonen bilden sich im Zyklotron He-Atome. Wenn man die Masse der Atome Li und H summiert, so beträgt dieselbe mehr als die Masse zweier He-Atome. Die Masse der ersteren beträgt 8,02631, die Masse zweier He-Atome 8,00778. Der Verlust ist also gleich 0,01853.

7 gr Li und 1 gr H ergeben 8 gr He. Bei diesem Massenverlust wird Energie frei, die äquivalent der Energie ist, die man bei der Verbrennung von 50 t bester bituminöser Kohle erhält.

Metallisches Lithium wird in Legierungen mit Mg, Al, Zn und Be angewendet (die Legierung 70% Mg und 30% Li hat ein spez. Gewicht von 1,4), und mit spez. Gewicht bis 1 werden sie vor allem im Flugzeugbau verwendet.

Eine Zugabe bis zu 10% Li zu Kupfer, Bronze und Messing erhöht den Widerstand gegen Reißfestigkeit (sog. Kanonenbronze). Lithium verwendet man auch als Ersatz für Lager, gleichfalls bei der Herstellung alkalischer Akkumulatoren, Emaille, Glas, Tonwaren, Schmierfetten und Farben. Das pulverförmige Li-Hydroxyd nimmt eine große Menge von CO_2 auf und dient der Konditionierung der Luft in Unterseebooten.

Die Weltgewinnung von Li-Karbonat überstieg 1955 10000 t. Der Hauptproduzent sind die USA, die darüber hinaus Lithium aus Kanada, Süd-Rhodesien, Brasilien und Australien einführten.

Clarke von Lithium 0,005%. Das Element ist mit granitischem Magma verbunden und konzentriert sich in Pegmatiten, Greisen und in pneumatolytischen und hydrothermalen Lagerstätten. Es assoziiert mit Be, Ta, Nb, Sn, W, Cs und Rb.

Lithium konzentriert sich manchmal in Salzseen (in Form von Li_2NaPO_4) und in Mineralwässern. Bemerkenswert ist auch seine Konzentration in verschiedenen Böden (bis 0,5%), in rot- und braunfarbigen Wasserpflanzen und in der Tabakasche (bis 0,44% Li). Bei der Li-Gewinnung spielen folgende Mineralien die Hauptrolle:

Spodumen LiAl (Si_2O_6); bis 8% Li_2O;
Petalit (Li, Na) $AlSi_4O_{11}$; 2 – 4,9% Li_2O;
Amblygonit LiAl (F, OH) (PO_4); 8 – 10% LiO_2;
Lepidolith KLi_2Al (Si_4O_{10}) (F, OH); bis 6% LiO_2.

Genetische Lagerstättentypen

1. Pegmatite granitischen Magmas. Dieser Typ ist weit verbreitet und spielt bei der Li-Gewinnung eine große Rolle. Zu ihm gehören Lagerstätten in Kanada (unter ihnen die große Spodumen-Lagerstätte La Corn mit Vorräten bis zu 12 Millionen t Erzen bei einem Gehalt von 1,25% LiO_2), die großen Lagerstätten von Süd-Rhodesien (die Pegmatite des Sn-Erzfeldes von Bikita mit Lepidolith, Petalit, Spodumen und Amblygonit), NE-Brasilien (in den zentralen Zonen der gebänderten Pegmatite assoziiert Spodumen und Amblygonit mit Mikroklin, Glimmer, Beryll und Tantalo-Columbit), USA (Spodumen-Lagerstätten Etta- und Tean Mountains), SW-Afrika (Karibibe — Lepidolith-Amblygonit-Erze) und Westaustralien (Pilbara — Pegmatite mit Tantalit, Kassiterit und Spodumen).

Zu diesem Typ gehören auch Pegmatitlagerstätten der UdSSR (Sawitinskoje in Transbaikalien u. a. mit Spodumen und Spodumen-Lepidolith).

Die Li-Erze sind gewöhnlich komplexe Erze und werden gleichzeitig auf Li, Be, Ta, Nb, Cs, Rb und Edelsteine (rosa und andersfarbige Turmaline, Worobieffit, Kunzit u. a.) bebaut.

Wie schon W. N. KUSNETZOW bemerkte, assoziiert der Spodumen in den vorhandenen Spodumen-Pegmatitgängen mit Albittäfelchen (Clevlandit), wobei der Spodumen frisch im Verhältnis zu dem späteren Albit erscheint.

Die Prozesse überlagern sich in folgender Reihenfolge: K-Metasomatose (Bildung von Mikroklin), Na-Metasomatose (Verdrängung des Mikroklins durch Albit) und Li-Metasomatose (Entwicklung von Spodumen). So stellt man sich den gesetzmäßigen geochemischen Prozeß vor, der durch die Größen der Ionenradien von K, Na und Li bestimmt wird.

2. Pneumatolytische Gänge und Greisen mit Wolframit, Kassiterit, Lepidolith und Zinnwaldit. Der letztere enthält 1—3% LiO_2. Zu diesem Typ gehören einige Lagerstätten von Transbaikalien, im NE-Teil der UdSSR, des Erzgebirges, Portugals, SE-Chinas u. a. Die wirtschaftliche Bedeutung dieser Lagerstätten ist von untergeordneter Bedeutung.

3. In den Laugen einiger Seen, in denen Lithium mit K-Salzen, Soda, Na-Sulfat, Bor und Brom assoziiert. In den Hohlräumen der auskristallisierten Salze befinden sich gesättigte Lösungen, die 0,02% LiCl (oder 0,0035% Li) enthalten. Die gesättigte Lösung wird abgepumpt und verdampft. Zu diesem Typ gehört die Lagerstätte am See Searls/Kalifornien mit riesigen Li-Vorräten, die deshalb eine bedeutende Rolle in der Li-Industrie der USA spielt.

4. Die Mineralwässer von Karlovy Vary (CSR), Vichy (Frankreich) und Türkheim (Deutschland) enthalten bis zu 0,4% LiCl und können als Ausgangsmaterial zur Gewinnung von Lithium herangezogen werden. Die Geysire des Yellowstone-Park enthalten ebenfalls bis zu 0,4% Li.

Cäsium und Rubidium (Cs und Rb)

Entdeckt in den Jahren 1860—1861. Clarke des Cäsiums $7 \cdot 10^{-4}\%$; Rubidium $3 \cdot 10^{-2}\%$.

Cäsium und Rubidium erhielten wirtschaftliche Verwendung in der Radiotechnik, in automatischen Kontroll- und Zählwerken, im Tonfilm (als Fotoelement), in der Medizin (bei der Krebsheilung), als Sprengstoff (Cs ist ein sehr starkes Kation und verbindet sich leicht mit Sauerstoff) und in Vakuumröhren. Rubidium besitzt die Fähigkeit bei der Einwirkung schwacher Lichtquellen Elektronen auszusenden. Das Isotop Rb^{87} mit einer Halbwertszeit von $6,3 \cdot 10^{10}$ Jahren ist radioaktiv und verwandelt sich in Sr^{87}.

Beide Elemente sind geochemisch eng verbunden mit granitischen Magmen und ergeben zusammen mit Li, Be, Ta und Nb Konzentrationen in Pegmatiten. Besonders Pegmatite, die reich an Na (Albit) und Li (Spodumen, Lepidolith) sind, zeigen eine Anreicherung von Cäsium und Rubidium. Die größte Konzentration von Cs und Rb besitzt das Mineral Pollucit $Cs(AlSi_2O_6)$. $H_2O < 1$. Das Mineral ist ähnlich dem Quarz. Sein spezifisches Gewicht beträgt 2,975; N = 1,520; Härte 6,5 (fällt bis zu 5,25). Das Mineral enthält Cs_2O von 23,5 bis zu 36,5% und Rb_2O bis 3,73%.

Beimischungen von Rubidium und Cäsium begegnet man in Mineralien des Li und Be; im weißen Beryll einer Lagerstätte Australiens findet sich 0,72% Cs_2O und im schwarzen Beryll 0,92% Cs_2O.

Der Lepidolith enthält bis zu 0,77% Rb. Der grüne Amazonit und K-Feldspat vieler Pegmatite enthält erhöhte Mengen von Cs und Rb (bis 0,25% Cs_2O und bis zu 3,12% Rb_2O). Nach V. M. GOLDSCHMIDT enthalten die Leuzit-Konzentrate Italiens bis 0,34% Rb_2O und 0,023% Cs_2O; verschiedene Biotite enthalten bis 3,14% Cs_2O.

Beide Elemente sind in Salzlagern vorhanden, besonders im Carnallit und Sylvin, aber auch in den Wässern einer Reihe von Mineralquellen. Böden enthalten bis 0,2% Rb und 0,05% Cs; Zuckerrohr bis 0,2% Rb.

Lagerstätten mit wirtschaftlicher Bedeutung sind bekannt in der USA, der Südafrikanischen Union, Schweden und der UdSSR. Ziffernmäßige Angaben über die Gewinnung von Cäsium und Rubidium der einzelnen Länder sind unbekannt. Die Hauptquelle der Cäsium- und Rubidium-Gewinnung ist das Pollucit-Erz, sowie der Carnallit (letzterer in Deutschland).

(Fortsetzung folgt im nächsten Heft)

Anwendung der Gaschromatographie bei der Analyse von Erdgasen

HANS GRASSMANN, Berlin

Einleitung

Seit wenigen Jahren hat die Gaschromatographie, eine neue physikochemische Methode der Gasanalyse, Eingang in die Gaslaboratorien gefunden. Infolge der fast verblüffend zu nennenden Leistungsfähigkeit dieser Arbeitsweise, d. h. ihrer relativ guten Empfindlichkeit und Genauigkeit bei enormer Schnelligkeit, ist sie dabei, sich in allen mit Gasen oder einigermaßen leicht verdampfbaren Flüssigkeiten arbeitenden Industriezweigen einen wichtigen Platz zu erobern.

Bereits nach dem Erscheinen der ersten Aufsätze über Gaschromatographie in der Literatur setzte sich der

Verfasser die Aufgabe, diese Methode sobald wie möglich bei der Untersuchung der bei Erdöl- und Erdgasbohrungen anfallenden Gase und auch anderer Gase einzusetzen. Nachdem zu Beginn des Jahres 1958 die Forschungsabteilung des VEB Kombinat „Otto Grotewohl", Böhlen, in der Lage war, zwei der in eigener Werkstatt gebauten Geräte abzugeben — den Kollegen des VEB sei auch an dieser Stelle für ihr Entgegenkommen gedankt —, konnten die Versuche aufgenommen werden. Bevor über diese Arbeiten berichtet wird, seien die Grundlagen der Methode kurz erläutert.

Grundlagen der Methode

Die Bezeichnung „Gaschromatographie" ist nicht besonders glücklich, denn die Methode hat mit Färbungen nicht das geringste zu tun, während das bei der Flüssig/Fest-Chromatographie z. T. der Fall ist oder wenigstens der Fall sein könnte. Die von amerikanischen Autoren vorgeschlagene Benennung „Fraktionierungsanalyse" befriedigt auch nicht, sie ist zwar nicht falsch, sagt aber zu wenig aus.

Die Fraktionierung wird durch Ausnutzung der Unterschiede der Gase in ihrer Adsorptionsfähigkeit an feste aktive Sorbentien oder in ihrer Löslichkeit in auf inaktive Trägerstoffe aufgebrachten Flüssigkeiten erreicht. Die erste Arbeitsweise wird bei Stoffen mit sehr niedrigem Siedepunkt, den sogenannten permanenten Gasen wie Stickstoff, Helium oder Methan angewendet, die zweite bei leichter kondensierbaren Gasen und Dämpfen, z. B. den gasförmigen höheren Kohlenwasserstoffen. Will man bei gewöhnlicher Temperatur arbeiten, was mit besonders einfachen Apparaturen möglich ist, muß man also mindestens zwei Arbeitsgänge durchführen, wenn das zu untersuchende Gasgemisch Gase beider Arten enthält, wie es meist der Fall sein wird.

Wesentlich ist, daß es sich immer um einen dynamischen Vorgang handelt: Eine kleine Menge (wenige ml) der Gasprobe wird in einen Trägergasstrom eingeführt und mit diesem durch eine „Säule", ein dünnes, mit dem Fraktioniermittel gefülltes Rohr von z. B. 2 m Länge geleitet. Hierbei werden die einzelnen Gasbestandteile je nach Ihrer Adsorptions- bzw. Lösungsfähigkeit mehr oder weniger „abgebremst", und im Endeffekt erscheinen sie bei passender Einstellung der Versuchsbedingungen mit Zwischenräumen nacheinander am Ausgang der „Säule".

Die Größe der Verzögerung, die Retentionszeit, ist ein Kriterium für die qualitative Identifizierung der Gasbestandteile. Die quantitative Bestimmung kann auf verschiedene Weise erfolgen. Zwei der gebräuchlichsten Indikationsarten sind folgende: Man verwendet Kohlendioxyd als Trägergas, absorbiert dieses nach Durchgang durch die chromatographische Säule in Alkalilauge und mißt die Volumina der nacheinander erscheinenden Gase in einer Art von Azotometer. Oder man mißt kontinuierlich mittels einer elektrischen Widerstandsbrücken-Schaltung die Wärmeleitfähigkeit des austretenden Gasstromes im Vergleich zu dem reinen Trägergas, wobei man mit einem Kompensationsbandschreiber oder photographisch registrieren kann. Die einzelnen Gase ergeben dabei infolge ihrer vom Trägergas unterschiedlichen Wärmeleitfähigkeiten — Wasserstoff ist wegen seiner sich von der aller anderen Gasen stark unterscheidenden Leitfähigkeit gut als Träger geeignet — Ausschläge des Meßsystems über die Null-Linie, die sich quantitativ zur Konzentrationsbestimmung auswerten lassen.

Die erstgenannte Arbeitsweise ist für präparative Zwecke sehr wertvoll, für rein analytische erscheint die zweitgenannte eleganter und außerdem ist sie besser für die unmittelbare Bestimmung kleiner Gasanteile geeignet. Für die Bestimmung kleinster Spuren werden die beiden Prinzipien in bestimmter Weise kombiniert. *So* kann man z. B. bei der geochemischen Prospektion auf Erdöl/Erdgas mit Bodenluftproben arbeiten.

Frühere Methodik und Ziel der neuen Versuche

Bei den bisherigen Erdgasanalysen war für die Bestimmung von CO_2 (+ H_2S), ggf. O_2, Kohlenwasserstoffgas und N_2 + Edelgase ein Orsatapparat mit 3 Absorptionsgefäßen und einem CuO-gefüllten Verbrennungsrohr nach JÄGER verwendet worden. Die C-Zahl-Bestimmung war durch Entfernen von CO_2 (+ H_2S) und ggf. von O_2 in einem 2. Arbeitsgang im Orsat, anschließende Dichtebestimmung des so erhaltenen Kohlenwasserstoff-Stickstoff-Gemisches in der Gasdichtewaage von FUESS und Berechnung der mittleren Dichte der Kohlenwasserstoffe unter Einsetzen des beim ersten Arbeitsgang erhaltenen N_2-Gehaltes erfolgt. (Diese C-Zahl-Bestimmung war übrigens nicht viel langwieriger als die durch Messung der Volumenzunahme bei der Verbrennung im Orsat und nachträgliche Absorption des dabei entstandenen CO_2 mögliche, aber sehr viel genauer.) Für diese 3 Arbeitsgänge wurden im Minimum 2 Stunden benötigt, wobei eine geübte Arbeitskraft diese ganze Zeit über an den Apparaturen voll beschäftigt war.

Auf die Bestimmung der einzelnen gasförmigen Kohlenwasserstoffe hatten wir früher verzichtet, da wir die Anschaffung einer so komplizierten und empfindlichen Einrichtung wie der dafür bisher erforderlichen Adsorptions-Desorptions-Apparatur nach dem statischen Prinzip und den für ihre Bedienung erforderlichen großen Zeitaufwand scheuten. Die Kohlenwasserstoff-Trennung mit einer solchen Apparatur erfordert viele Stunden aufmerksamster Tätigkeit.

Für die Helium-Bestimmung war bisher eine in Anlehnung an die Apparate von STOCK, PETERS u. a. hergestellte, aber mit Quecksilber-Ventilen ausgerüstete Apparatur verwendet worden. In dieser wird aus dem Gas bei vermindertem Druck der Stickstoff an auf 500° C erhitztes Calciummetall gebunden, anschließend das Argon durch Adsorption an auf −185° C gekühlte Aktivkohle entfernt und gemessen und schließlich das übrigbleibende, evtl. Spuren von spektralanalytisch nachweisbarem Neon enthaltende Helium gemessen. Die Messung der Konzentrationen der Gase erfolgt hierbei durch Druckmessung mittels empfindlicher Mac Leod-Manometer und ist sehr genau. Aber der Zeitbedarf für eine solche He-Bestimmung beträgt einige Stunden, auch bei frischen Calciumspänen. Deren Reaktionsfähigkeit nimmt übrigens rasch ab.

Das Ziel der neuen Versuche war nun, die Bestimmung von Kohlenwasserstoff, Stickstoff und Helium im Erdgas sehr viel schneller als bisher auszuführen. An die Genauigkeit der Bestimmung sollten dabei keine übertriebenen Anforderungen gestellt werden, d. h. bei den Hauptbestandteilen N_2 und CH_4, die gewöhnlich mit je nahezu 50% vertreten sind, wurde eine absolute Genauigkeit von etwa $\pm 1\%$ für ausreichend erachtet. Beim Helium, von dem nur Zehntelprozente oder weniger auftreten, sollte dagegen eine Genauigkeit von wenigen hundertstel Prozent und eine dementsprechende Empfindlichkeit für sehr kleine Gehalte erreicht werden. Außerdem sollte aber mit mittlerer Genauigkeit die Bestimmung von Äthan, Propan und Butan getrennt vom Methan durchgeführt werden anstelle der bisher üblichen Bestimmung der C-Zahl, die nur einen Hinweis auf die *Summe* der neben dem CH_4 vorhandenen höheren Kohlenwasserstoff-Verbindungen gibt.

Gaschromatographie-Versuche

An Ausrüstung für die Gaschromatographie standen zwei Böhlener Geräte, bestehend aus je einer widerstandselektrischen Wärmeleitfähigkeitszelle mit mehrstufiger Empfindlichkeitsregelung und je einer „Säule" von etwa 5 mm innerem Durchmesser und 2 m Länge zur Verfügung. Die eine „Säule" war ein solenoidförmig gebogenes Glasrohr, die Füllung bestand aus Aluminiumoxyd, getränkt mit 10% Cetan. Die andere „Säule" war ein U-förmig gebogenes Aluminiumrohr mit Kieselgel („Blaugel") als Füllung. Als Indikationsinstrument waren ein Lichtmarken-Galvanometer des Geogerätewerkes Brieselang, Typ LG, mit ca. 30 Ohm innerem Widerstand und Einrichtung zur Herabschaltung der Empfindlichkeit auf $^1/_{10}$ und $^1/_{100}$ der Empfindlichkeit und dazu ein photographischer Registrieraufsatz mit 1 Stunde Laufzeit beschafft worden. Eine ähnliche Apparatur ist schon von G. WENKE (Chem. Technik 1957) zur Indikation benutzt worden. Bei dieser Laufzeit der Walze bewegt sich der Diagrammstreifen in 2,5 min 1 cm vorwärts, 1 mm im Diagramm entspricht also 15 sec Meßdauer. Die weitere Ausrüstung bestand aus einem 2 V-Akkumulator, gläsernen „Gasschleifen" zur Dosierung des Gases mit je 9 ml Inhalt auf der einen und 2,5 ml Inhalt auf der anderen (Kapillar-) Seite, einer Stahlflasche mit technischem Wasserstoff und einem einfachen Strömungsmesser.

Es ist hervorzuheben, daß die genannten Geräte verhältnismäßig billig und schnell zu beschaffen sind. Dies gilt auch für das photographisch registrierende Lichtmarken-Galvanometer im Gegensatz zu den sehr teuren und noch schwer erhältlichen Kompensationsbandschreibern, die auch etwas störungsanfällig sind, allerdings den Vorteil der sofortigen Greifbarkeit des geschriebenen Analysendiagramms haben. Die visuelle Beobachtung der Anzeige ist auch bei dem Galvanometer mit aufgesetzter Registriervorrichtung durch eine Rotscheibe möglich. Der ziemlich niedrige Preis der von uns benutzten Gerätekombination läßt es vertretbar erscheinen, sie in größerer Zahl zu beschaffen und eine ganze Reihe von Stützpunkten der Erdöl/Erdgas-Erkundung damit auszurüsten. Auch die Bedienung ist einfach; die Notwendigkeit der Einrichtung einer behelfsmäßigen Dunkelkammer zum Entwickeln der Photogramme dürfte nicht als wesentlich erschwerendes Moment zu werten sein.

Bei den Versuchen wurde von vornherein davon ausgegangen, daß die beabsichtigten Bestimmungen wegen der um mehrere Größenordnungen verschiedenen Gehalte der Bestandteile nicht in einem oder zwei Arbeitsgängen erfolgen konnten. Die Aufteilung in 1. Bestimmung von C_2H_6, C_3H_8 u. C_4H_{10} durch Verteilungschromatographie im Cetan-Al_2O_3-Rohr — wobei CH_4 mit N_2 zusammenfällt — und 2. getrennte Bestimmung von N_2 (+ Edelgase) und Methan durch Adsorptionschromatographie im Kieselgel-Rohr bei unempfindlich geschaltetem Galvanometer war nach dem Obengesagten selbstverständlich. Als dritter Teilvorgang, ebenfalls unter Verwendung der Kieselgel-Säule, aber bei stark erhöhter Empfindlichkeit des Galvanometers, ergab sich die Bestimmung des Heliums. Als weiterer, zeitlich allerdings erster Arbeitsgang wurde die Entfernung und Bestimmung des CO_2 (+ H_2S) sowie die Prüfung auf O_2 und ggf. dessen Bestimmung in einem 2-Pipetten-Orsat für zweckmäßig erachtet. Die Bestimmung dieser zwei Gasbestandteile im Orsat geht rasch, und die Erfassung des Luft-Sauerstoffes, der bisweilen bei unsorgfältiger oder unter schwierigen Bedingungen erfolgender Probenahme in das Erdgas gelangt und der durch einfache Chromatographie bei normaler Temperatur nicht vom Stickstoff getrennt werden kann, ist notwendig, um die Analyse zum Schluß auf luftfreies Gas zurückrechnen zu können.

Die Auswertung der Photogramme erfolgte durch einfaches Ausmessen der Höhe der „Berge" und Ablesen der entsprechenden Konzentrationen aus Eichkurven. (Streng linear proportional den Konzentrationen eines Bestandteils sind die von den Konturen seiner „Berge" umschlossenen Flächen.) Die Eichkurven wurden unter genau den gleichen Bedingungen wie die Analysen selbst aufgestellt. Hierzu wurden Gemische, zumeist Zweiergemische, aus reinen Gasen hergestellt. Die erforderlichen reinen Kohlenwasserstoffgase waren uns dankenswerterweise vom Hauptlaboratorium des VEB Leuna-Werke „Walter Ulbricht", wo sie übrigens auch auf chromatographischem Wege gewonnen werden, zur Verfügung gestellt worden. Die Eichkurven stellen nahezu gerade Linien dar, so daß sehr bequem mit ihnen zu arbeiten ist.

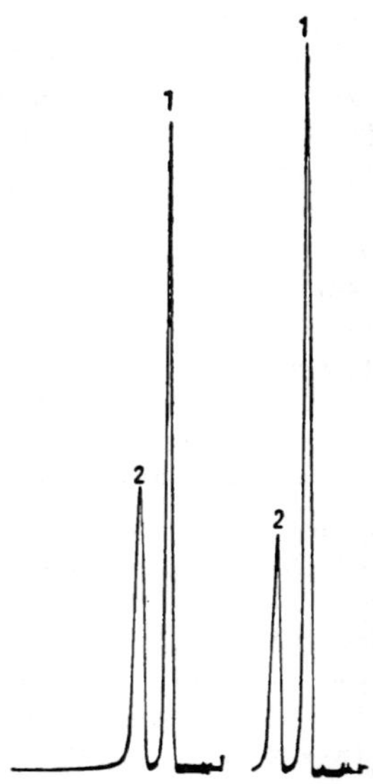

Abb. 1. Adsorptions-Chromatogramme von 2 Erdgasen aus Bohrungen vom Fallstein. Empfindlichkeit = „8", 2,5 ml Probe.
1 – Stickstoff (60 bzw. 52%), 2 – Methan (36 bzw. 46 %)

Wie bei allen physikochemischen Methoden sind in gewissen Intervallen wiederholte Eichungskontrollen, z. B. nach dem Prinzip des „inneren Standards", erforderlich.

Bestimmung von Stickstoff und Methan

Hierbei war zu fordern, daß auch bei starkem Überwiegen des Stickstoffs, der infolge seiner leichten Desorbierbarkeit im Chromatogramm einen schmalen und hohen „Berg" erzeugt, der Scheitelpunkt dieses „Berges" noch auf den Registrierstreifen fiel. Dies wurde erreicht durch Einstellen eines geringen Empfindlichkeitsgrades (0,01-Schaltung am Galvanometer und eine mittlere Stellung —8— der Meßzellenempfindlichkeit (Empfindlichkeit = „8").

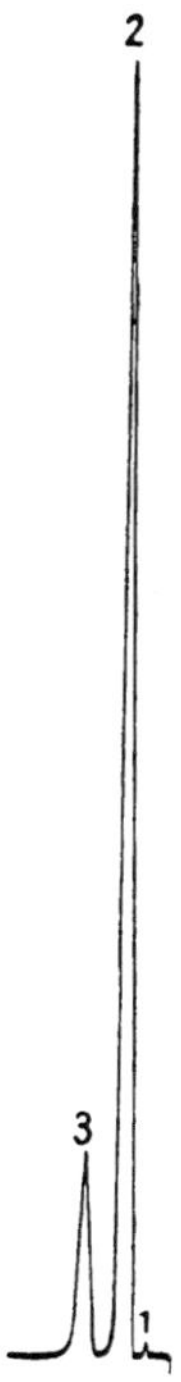

Abb. 2. Adsorptions-Chromatogramm eines Erdgases aus einer Untertagebohrung im Brander Revier. Empfindlichkeit = „8", 2,5 ml Probe.

1 – Helium (1,6%), 2 – Stickstoff (78%), 3 – Methan (19)%

Abb. 1 zeigt die hintereinander aufgenommenen Chromatogramme von zwei Gasen aus zwei verschiedenen Bohrungen des Feldes Fallstein. Die Kurvenzüge sind bei den Abbildungen von rechts nach links entsprechend der zeitlichen Entstehung zu lesen. Der erste „Berg" gehört zum N_2, der zweite zum CH_4. Wie man sieht, enthält das zweite Gas mehr Methan und weniger Stickstoff als das erste. Der Vergleich mit den Eichkurven ergibt (für die vorher von 1,7 bzw. 3,4% CO_2 befreiten Gase): 1.) 60% N_2, 36% CH_4; 2.) 52% N_2, 46% CH_4. Der Rest zu 100% besteht aus höheren Kohlenwasserstoffen.

Abb. 2 ist das Chromatogramm eines in geringer Menge aus einer Untertagebohrung im Brander Revier austretenden Erdgases. Man sieht wiederum einen hohen N_2-Berg, einen ziemlich niedrigen CH_4-Berg, vor dem N_2 in diesem Falle aber noch eine kleine weitere Spitze. Diese Spitze ist ein Helium-„Berg". Das Gas bestand, wie schon aus der „klassischen" Analyse bekannt war, aus 1,2% CO_2, 19,2% Kohlenwasserstoffen, 78,0% N_2 + Ar und 1,6% He.

Heliumgehalte in der Größenordnung von 1% lassen sich also schon in einem mit so geringer Empfindlichkeit aufgenommenen Chromatogramm deutlich erkennen und abschätzen. Die genauere Bestimmung der üblichen kleinen Gehalte in einem besonderen Arbeitsgang wird weiter unten beschrieben.

Die Dauer der eigentlichen Messungen vom Umschalten der Gasschleife auf die Dosierseite bis zur endgültigen Wiedereinstellung des Ausschlages auf die Nulllinie beträgt knapp 5 min. Hinzu kommen noch etwa 5 min Zeitbedarf für das vorausgehende Durchspülen der übrigen Teile der Gasschleife mit H_2 nach deren Einsetzen in den Wasserstoffstrom bis zum Umschalten. Diese Zeit könnte durch Verwendung einer Injektionsspritze als Dosiereinrichtung in Fortfall kommen, ist aber nicht als verloren zu betrachten, da sie zur Vorbereitung der weiteren Arbeitsgänge ausgenutzt werden kann.

Bestimmung der höheren gasförmigen Kohlenwasserstoffe

Hierzu wurde die Al_2O_3-Cetan-Säule angewendet. Die übrigen Versuchsbedingungen waren die gleichen wie bei der Adsorptions-Chromatographie der leichten Gasbestandteile, nur wurde die Empfindlichkeit auf „13" erhöht, um größere Ausschläge für die gewöhnlich in weit geringeren Konzentrationen vorhandenen C_2- bis C_4-Kohlenwasserstoffe zu erhalten. Hierbei muß allerdings dafür gesorgt werden, daß das Galvanometer nicht infolge Überlastung während des nun sehr hohen Ausschlages für $N_2 + CH_4$ Schaden leiden könnte. Dieser „Berg" würde sowieso über den oberen Rand des Registrierstreifens hinausreichen. Man schaltet deshalb das Galvanometer aus, sobald man die Lichtmarke sich das erste Mal in Bewegung setzen sieht und schaltet erst nach Ablauf einer geeigneten Zeit — unter den von uns gewählten Bedingungen ca. 10 sec — wieder ein.

Methan und Stickstoff werden, da sie beide im Cetan gleich wenig löslich sind, nicht getrennt und bilden einen gemeinsamen „Berg". Äthan ist auch nicht viel stärker löslich und bildet daher einen sich unmittelbar an den $N_2 + CH_4$-„Berg" anschließenden „Berg"; bei höheren $N_2 + CH_4$-Gehalten geht der Ausschlag zwischen den beiden „Bergen" nicht ganz auf Null zurück; die allein interessierende *Spitze* des Äthan-„Berges" tritt aber immer deutlich in Erscheinung. Propan und Butan bilden in zunehmender Entfernung vom $N_2 + CH_4$-„Berg" liegende, zunehmend flachere „Berge".

Diese Verhältnisse sind in Abb. 3, dem Chromatogramm eines künstlichen Gasgemisches aus 29,4% N_2, 53,4% CH_4, 3,9% C_2H_6, 8,9% C_3H_8, 4,4% n-C_4H_{10} gut erkennbar. Von dem $N_2 + CH_4$-„Berg" sind allerdings nur Anfang und Ende zu sehen, da in der Zwischenzeit, wie oben gesagt, das Galvanometer ausgeschaltet war und bei der sehr schnellen Bewegung des Lichtzeigers hier sowieso keine photographische Aufzeichnung erfolgt wäre.

Aus dem Diagramm wurde in Verbindung mit den Eichkurven das Ergebnis 3,8% C_2H_6, 8,6% C_3H_8 und 4,1% C_4H_{10} abgelesen, was wohl als ein befriedigendes Resultat betrachtet werden kann.

Die Abb. 4 und 5 zeigen Chromatogramme von zwei Erdgasen aus Bohrungen vom Fallstein mit 2,8% C_2H_6 und 0,9% C_3H_8 bzw. 1,4% C_2H_6 und 0,5% C_3H_8. Butan ist nicht mit Sicherheit erkennbar. Der C_4H_{10}-Gehalt muß in diesen Gasen kleiner als 0,2% sein; es handelt sich um „trockene" Gase. Der Zeitbedarf für die Chromatogramm-Aufnahme vom Umschalten der Probenschleife bis zum Abklingen des entstehenden bzw. zu erwartenden C_4H_{10}-Ausschlages betrug $6^1/_2$ min.

Bestimmung des Heliums

Aufbauend auf die vorhergehenden Versuche wurde eine zur Bestimmung von Heliumgehalten in der Größenordnung von 0,1% und weniger geeignete Arbeitsweise ermittelt. Es zeigte sich, daß die Empfindlichkeit des Galvanometers auf 0,1, d. h. auf das Zehnfache der sonst benutzten Empfindlichkeit geschaltet werden konnte bei einer Einstellung der Meßzellenschaltung auf Empfindlichkeit 6 (Gesamtempfindlichkeit = „60"),

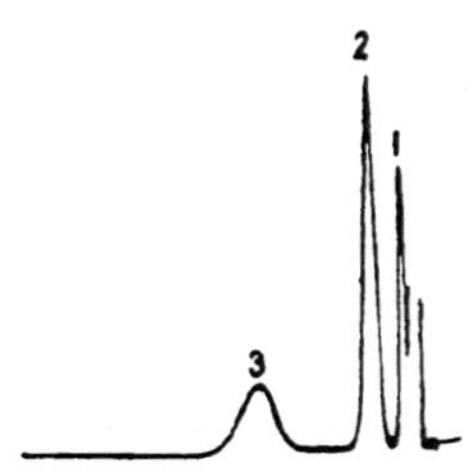

Abb. 3. Verteilungs-Chromatogramm eines Gemisches aus höheren Kohlenwasserstoffgasen (und Methan und Stickstoff). Empfindlichkeit = „13", 2,5 ml Probe.

1 – Äthan (3,9%), rechts davor Basis des $N_2 + CH_4$-„Berges", 2 – Propan (8,9%), 3 – Butan (4,4%)

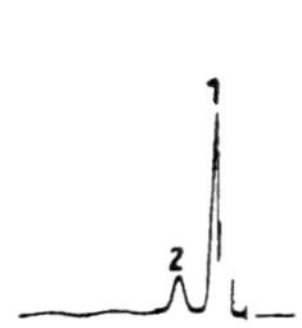

Abb. 4. Verteilungs-Chromatogramm eines Erdgases aus einer Bohrung vom Fallstein. Empfindlichkeit = „13", 2,5 ml Probe.

1 – Äthan (2,8%), 2 – Propan (0,9%)

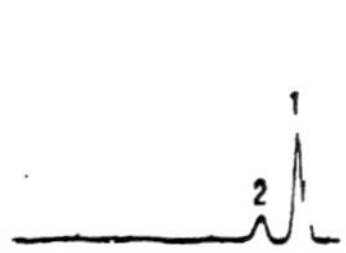

Abb. 5. Verteilungs-Chromatogramm eines Erdgases aus einer anderen Bohrung vom Fallstein. Empfindlichkeit = „13", 2,5 ml Probe.

1 – Äthan (1,4%), 2 – Propan (0,5%)

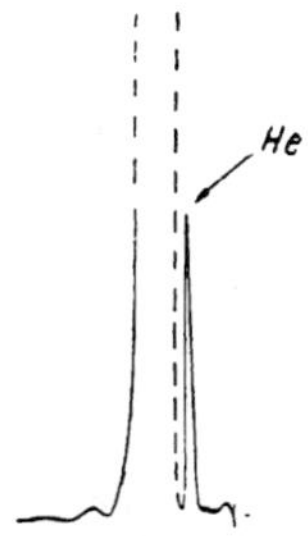

Abb. 6.

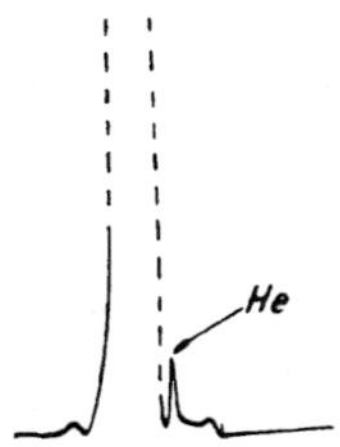

Abb. 7.

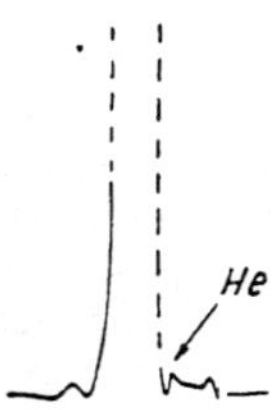

Abb. 8.

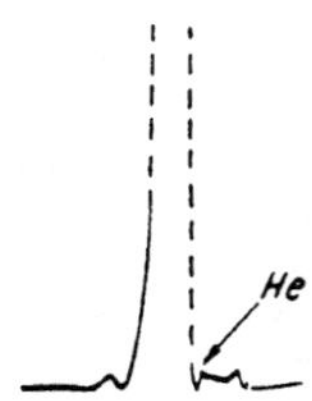

Abb. 9.

Abb. 6—9. Adsorptions-Chromatogramme von Helium-Stickstoff-Gemischen. Empfindlichkeit = „60", 9 ml Probe.
6. 2,2% Helium 7. 0,42% Helium 8. 0,05% Helium 9. 0,015% Helium

ohne daß die Null-Linie zu unruhig geworden wäre. Allerdings treten jetzt zu Beginn der Kurve (Abb. 6—9), kurz nach dem Umschalten der Gasschleife auf Probeneingang, einige Zacken in Erscheinung, die sonst kaum auffallen. Der Helium-„Berg", dicht vor dem großen N_2-„Berg" liegend, ist aber deutlich zu unterscheiden. Selbst bei 0,015% He (Abb. 9) ist er noch zu erkennen. Um solche Ausschläge zu erreichen, muß allerdings bei diesen speziellen Helium-Bestimmungen der weite Teil der Probenschleife, d. h. 9 ml Probe angewendet werden. Hierdurch wird gewissermaßen eine weitere Steigerung der Empfindlichkeit der ganzen Versuchsanordnung um den Faktor 3,6 erreicht.

Wie der langsame leichte Anstieg vor dem Einsetzen des He-„Berges" und der Abfall hinter ihm bis zur Null-Linie zustande kommt, vermögen wir bis jetzt nicht zu erklären. Der Abfall erleichtert das Auffinden des He-„Berges" bei sehr kleinen Gehalten. Zur Auswertung darf allerdings, wie die Eichungen zeigten (die Abb. 6—9 sind Chromatogramme künstlicher He/N_2-Gemische mit 2,2, 0,42, 0,05 und 0,015% Helium), nur die aufsteigende Flanke des Berges benutzt werden. Diese ist in Abb. 9 gerade noch erkennbar, bei etwa 0,015% liegt also unter den beschriebenen Bedingungen die untere Grenze des Helium-Nachweises.

Die Empfindlichkeit der Messung ließe sich wohl durch Ausnutzung der vollen Empfindlichkeit der Meßzelle noch auf etwa das Doppelte oder das Dreifache steigern. Für die Messung der technisch interessierenden Helium-Gehalte in der Größenordnung von 0,1% Helium genügt jedenfalls die gewählte Anordnung vollauf. Abb. 10 zeigt die Chromatogramme zweier Erdgase vom Fallstein mit 0,23 bzw. 0,32% He. Selbstverständlich muß auch bei diesen empfindlichen Messungen während der N_2- und ggf. der CH_4-Desorption das Galvanometer abgeschaltet werden. Bei den Messungen für Abb. 6—9 ist es hinterher wieder eingeschaltet worden, um den weiteren Verlauf der Null-Linie zu überprüfen. Bei Abb. 10 ist darauf verzichtet worden. Im letzteren Falle beträgt die Dauer der eigentlichen Messung vom Einlassen der Probe bis zum Abstellen nur $1^3/_4$ min!

Die Geschwindigkeit des chromatographischen Vorgangs hängt in erster Linie von der Geschwindigkeit des Trägergasstromes ab. Bei den beschriebenen Versuchen wurden stets 2,5 l Wasserstoff pro Stunde eingestellt. Hierbei wurde die gewünschte kurze Versuchsdauer von wenigen min. je Chromatogramm erreicht, die „Berge" haben eine gestreckte Form, so daß die Ausmessung ihrer Höhen leicht ist, und andererseits erfolgen auch die stärkeren Ausschläge der Lichtmarke gerade noch langsam genug, um auf dem photographischen Papier nach dem Entwickeln wenigstens den Beginn und das Ende sowie die Umkehrpunkte, die zur Auswertung benötigten Scheitel der „Berge", erkennen zu lassen. Übrigens muß das 6-V-Lämpchen öfters durch ein neues ersetzt werden, um eine ausreichende Schwärzung zu erzielen.

Zu den Abbildungen ist in diesem Zusammenhang noch zu bemerken, daß die Linien der Original-Photogramme für die Reproduktion teilweise etwas nachgezogen werden mußten, da sie sonst nicht vollständig erkennbar gewesen wären, und daß für den Druck eine Verkleinerung um $^1/_3$ vorgenommen wurde. In den Abbildungen 6—10 ist zur besseren Orientierung der infolge zu schneller Bewegung des Lichtzeigers nicht registrierte steile Anstieg zum N_2-„Berg" und in Abb. 6—9 auch der entsprechende Abfall vom CH_4-„Berg" durch Strichelung angedeutet. Die kurze Dauer

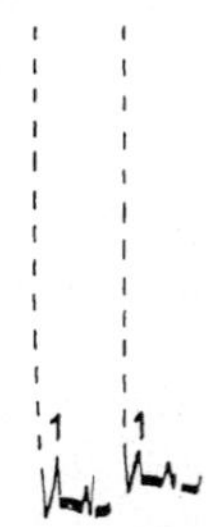

Abb. 10. Abgekürzte Adsorptions-Chromatogramme von 2 Erdgasen aus Bohrungen vom Fallstein. Empf. = „60", 9 ml Probe.
1 — Helium (0,23 bzw. 0,32%).

der einzelnen Messungen ermöglicht es, 10 und mehr Chromatogramme auf ein Blatt aufzunehmen und so den auf eine einzelne Analyse entfallenden Zeitbedarf für das Entwickeln auf einen unbedeutenden Betrag zu senken.

Zusammenfassung

Es wird eine kurze Darstellung der Grundlagen der Gaschromatographie gegeben. Anschließend wird die bisher für die Erdgasanalyse angewendete Methodik umrissen. Schließlich werden Versuche beschrieben, welche die Möglichkeit der Durchführung einer vollständigen Erdgas-Analyse einschl. Helium-Bestimmung und Bestimmung der einzelnen Kohlenwasserstoffe mit einer ziemlich einfachen und verhältnismäßig billigen Apparatur in vier Teilarbeitsgängen von zusammen nur ungefähr einer Stunde Dauer zeigen. Dabei werden die höheren K.W.-stoffe bis zum Butan mit etwa 0,1 bis 0,3%, das Helium mit etwa 0,02% absoluter Genauigkeit erfaßt. Es ergibt sich so, daß vollständige Erdgas-Analysen mit Arbeitsmitteln durchgeführt werden können, deren Einsatz an jeder Bohranlage möglich und vertretbar erscheint.

Zeitschrift für angewandte Geologie (1959) Heft 4

Neue Fundorte von Blei- und Zinkerz im Devon der Umgebung von Siewierz[1]

STEFAN SLIWINSKI, Warschau

Im Zusammenhang mit den vom Krakauer Geologischen Betrieb für Hüttenrohstoffe durchgeführten Erkundungen auf Blei- und Zinkerze in der Gegend von Siewierz wurden in der den paläozoisch-devonischen Kamm umsäumenden Zone einige Bohrungen (Januar bis Februar 1958) niedergebracht. Dem Ziel dieser Erkundungen entsprechend wurden mit diesen Bohrungen die Triasschichten durchteuft und im devonischen Bereich Kalksteine und Dolomite angefahren. Die Zweckmäßigkeit des teilweisen Durchteufens dieser Ablagerungen in dem erwähnten Gebiet ergab sich aus der Analyse aller in Betracht kommenden und im Bereich des paläozoischen Schichtkomplexes herrschenden stratigraphisch-tektonischen Verhältnisse.

Die bekannten Feststellungen CZ. KUZNIARs (1932) und P. ASSMANNs (1944) über das Auftreten von Zinkblende im Devon konnten die Erkundungskonzeption, die nicht nur die Trias, sondern auch das Paläozoikum umfaßt, untermauern.

Abgesehen von den Bohrungen, welche die erwarteten Ergebnisse, die auch an anderen Punkten der oberschlesischen Trias bekannt sind, brachten, war die Bohrung S-17 insofern besonders interessant, weil hier ungewöhnliche Erzvorkommen erschlossen wurden. Mit dieser Bohrung wurden bedeutende Konzentrationen an Zink- und Bleierzen erschlossen, die als metasomatische Körper in devonischen Ablagerungen ausgebildet sind.

Profil der Bohrung S-17

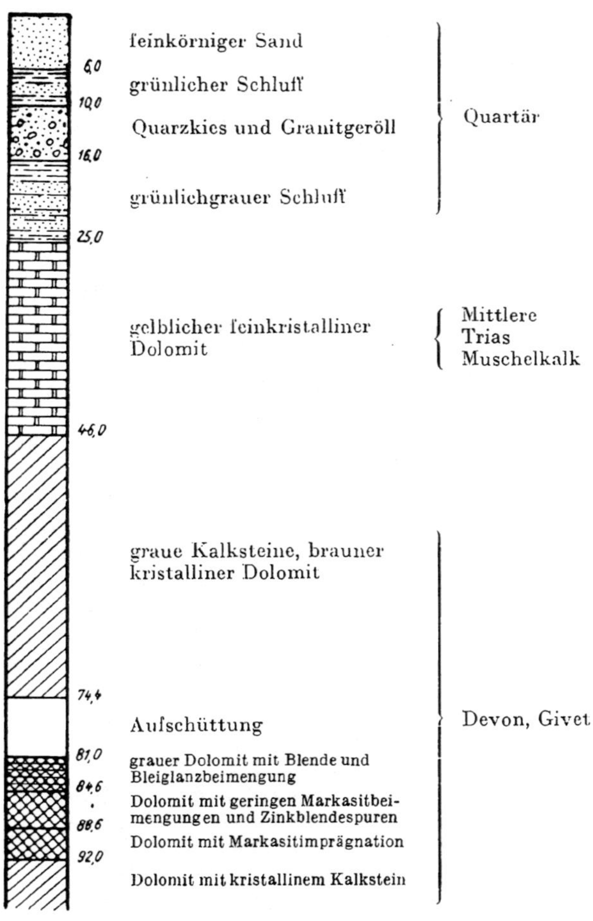

Trotz Mangel an sichtbaren paläontologischen Belegen ist die Bestimmung der stratigraphischen Zugehörigkeit der angefahrenen Schichten ganz sicher. Innerhalb der maskierten Reste tierischer Organismen wurden in den devonischen Kalken dieser Bohrung zahlreiche große Krinoidenglieder beobachtet, die in den gleichen Schichten des Ausgehenden massenweise auftreten. Die sekundären Dolomite der Lagerstättenpartie weisen infolge einer sehr intensiven Rekristallisierung keine Fauna auf. Aber der allgemeine lithologische Charakter dieser, durch schwärzliche Farbe, größere Härte, das Fehlen von Klüften und Porosität sowie des damit verknüpften Volumengewichtes gekennzeichneten Dolomite unterscheidet sich so stark von dem lithologischen Charakter der triassischen Dolomite, daß ein Irrtum ausgeschlossen ist. Das Aufsuchen einer Fauna in den devonischen Dolomiten ist in diesem Falle tatsächlich nur eine Formsache. Die Lagerungsverhältnisse des Erzes werden im nebenstehenden Profil dargestellt.

Die Trias ist nur durch den Diploporendolomit vertreten. Das Deckgebirge wird von 25 m mächtigem Quartär gebildet. Der triassische Dolomit liegt auf devonischen Bildungen, deren Schichten sich in Winkeldiskordanz zu den Triasschichten befinden. Die devonischen Bildungen sind als starkbankige, hellgraue, dichte, feinkristalline Kalksteine ausgebildet. Innerhalb dieser Kalke treten in Form unregelmäßiger Einlagerungen (vielleicht auch Linsen) braune, gelbliche, in den unteren Horizonten in der Regel dunkelgrau werdende, grobkristalline, epigenetische Dolomite auf. In der Nachbarschaft der Dolomitnester befinden sich Kalzitgänge von gewöhnlich erheblicher Mächtigkeit.

Der grobkristalline Kalzit ist schneeweiß oder rosafarben. Die Kalzit- und Dolomitmassen befinden sich gegenüber den den Kern der devonischen Ablagerungen – von diesem Punkt bis zu 100 m Teufe – bildenden Kalksteinen in der Minderheit. Darunter treten Riffdolomite von noch nicht festgestellter Mächtigkeit (die Bohrung ist noch im Gange) auf. In der Teufe von 81,0 bis 84,6 m kommt eine nierenförmige, gelbe metakolloidale Blende vor. Die Nieren weisen einen Durchmesser von 4 bis 5 cm auf. Gewöhnlich ist auf der Blende graurotfarbige konzentrische Streifung zu beobachten. Die an der Peripherie aus fester Zinkblende aufgebauten Nieren sind von einem Hof aus kristalliner Blende umgeben, dessen Front innerhalb des kristallinen Dolomithintergrundes in Verstreuung ausklingt. Manche dieser Nieren stellen einen gelben, erdigen Blendetyp dar, der einen charakteristischen fasrigen Bau verrät. Der Bleiglanz tritt in Form einige Millimeter langer, kubischer Kristalle auf oder verläuft auf reihenweise angeordneten strahlenartigen Haarrissen in der Blendemasse.

Der Bleiglanz verschwindet in der unteren Erzzone

[1]) Aus „Przeglad Geologiczny" Nr. 6, S. 277–278, 1958.

und weiter tiefer dann auch die Blende, die in einem gewissen Abschnitt zusammen mit Markasit vorkommt. In 92 m Teufe verschwindet dann auch der Markasit.

In Zusammenfassung obiger Ausführungen kommt man zu der Feststellung, daß die Zinkblende in Form traubig-nieriger Körper auftritt. Im Verhältnis zum Dolomitgestein beträgt ihre Konzentration schätzungsweise 40%. Der Bleiglanz tritt in Paragenese mit Blende nur in untergeordneten Mengen auf. Die tieferliegenden Dolomite sind örtlich mit Markasit imprägniert und enthalten nur noch Blendespuren.

Das im Devon der Gegend von Siewierz festgestellte Erzvorkommen ist von solchem Ausmaß, daß es als Grundlage für gewisse Schlußfolgerungen zu betrachten ist, die bei Lösung der komplizierten Frage über die Genesis der oberschlesischen Blei-Zinklagerstätten in Erwägung zu ziehen sind.

Da aber jetzt in älteren Schichten als der Trias Erzanzeichen von industrieller Bedeutung entdeckt worden sind, haben wir nun die seit mehreren Jahrzehnten gesuchten Argumente erhalten. Diese Argumente scheinen für einen hydrothermalen (telethermalen) Entstehungsvorgang der oberschlesischen Blei-Zinklagerstätten zu sprechen.

Fragen der Konditionen bei der Bewertung von Blei-Zinklagerstätten[1)]

A. A. AMIRASLANOW, Moskau

Bekanntlich bezeichnet man als Erz ein Gestein, das eine oder mehrere ökonomisch vorteilhaft zu gewinnende Komponenten (Metalle) enthält.

Der Begriff ,,Erz" ist veränderlich. Er hängt von vielen Faktoren — geologischen, montantechnischen, technologischen und ökonomischen — ab. In diesem Zusammenhang ist nicht jede Blei-Zinkvererzung industrielles Erz. Eine Mineralisation gilt als Erz nur unter der Bedingung, daß sie den von der Industrie festgelegten Minimalkonditionen entspricht.

Daher werden die Erze nicht nur nach geologischen Faktoren definiert. Sie müssen gleichzeitig montantechnischen, technologischen und ökonomischen Kennziffern, entsprechend den Forderungen der Industrie, genügen. Folgende Punkte beeinflussen daher den Begriff ,,Erz" in wesentlicher Weise: 1. Stand und Fortschreiten der Produktionstechnik; 2. Geographische Verteilung der Erzlagerstätten; 3. Vorhandensein oder Fehlen von Eisenbahnen und anderen Verbindungswegen in der Nähe der Lagerstätten; 4. Stand der technologischen Methoden zur Gewinnung aller nutzbaren Komponenten mit genügender Vollständigkeit aus dem Erz; 5. Besiedlung des Rayons; 6. Räumliche Ausdehnung der Erzlagerstätten; 7. Geologische Verhältnisse der Lagerstätten; 8. Vorhandensein oder Fehlen von Wasser in der Nähe der Lagerstätte u. a.

Alles das zeigt klar, daß jede Lagerstätte ein individuelles Herangehen erfordert, wenn es um die Ausarbeitung der Konditionen geht, auf deren Grundlage dann auch die allgemeine industrielle Bewertung der Lagerstätte vorgenommen werden muß. In den Begriff ,,Kondition" werden gewöhnlich einbezogen: 1. Der Minimalwert des Bortgehaltes sowohl der Haupt- als auch der Nebenmetalle im Erz, unter dem in der Gegenwart ein Erz aufhört, ökonomisch zweckmäßig für die Gewinnung zu sein; 2. Die minimale Mächtigkeit im Bereich des Auskeilens der Erzkörper, unter der beim jetzigen Stand der Bergbautechnik das Erz nicht mit Vorteil zu gewinnen ist; 3. Die maximale Mächtigkeit der tauben Gesteine oder der Nichtkonditionserze, die bei der Vorratsberechnung auf der Lagerstätte zur Erzmasse geschlagen werden können, da sie beim Abbau der Erze unvermeidlich mit entnommen werden müssen; 4. Der minimale Durchschnittsgehalt an Metall oder Metallen in der Lagerstätte, unter dem die Gewinnung ökonomisch nicht zweckmäßig ist.

Bei der Festlegung der Konditionen für die verschiedenen Erze auf den einzelnen Lagerstätten, besonders auf den Lagerstätten komplexer Blei-Zinkerze, müssen in der Regel alle nutzbaren Komponenten berücksichtigt werden, die im Erz enthalten sind. Für die verschiedenen Typen und Sorten der Erze: oxydische, gemischte, primäre, kompakte, eingesprengte usw. müssen deren spezielle Konditionsanforderungen ausgearbeitet werden.

Man muß Fälle vermeiden, daß der Durchschnittsgehalt der einzelnen Metalle in den Erzen zu einem bedingten Gehalt an einem beliebigen Metall, z. B. Blei, zusammengezogen wird. In diesen Fällen ist eine entstellte Charakteristik des Wertes der Erze nicht zu vermeiden. Man sollte dessen eingedenk sein, daß der Geologe vom realen Gehalt jedes der im Erz enthaltenen Metalle ausgehen muß, denn ein großer Zink- oder Cadmiumgehalt kann das Fehlen oder einen geringen Gehalt an Blei nicht kompensieren, sogar wenn man alle diese Metalle zu einem ,,bedingten" Blei macht.

Bei aller Betonung der Notwendigkeit, die Blei-Zinkerze komplex zu untersuchen, muß man gleichzeitig unterstreichen, daß es kaum notwendig sein wird, Konditionsanforderungen einzeln für jede der in den Erzen auftretenden nutzbaren Komponenten festzulegen. Es sind nämlich im Augenblick der Vorratsberechnung nicht für alle in den Erzen auftretenden Komponenten, insbesondere nicht für die dispersen Elemente, die technologischen Bedingungen für ihre Gewinnung gegeben. Es ist ferner bekannt, daß in allen polymetallischen Erzen in der Regel Edelmetalle vorhanden sind, die bei der Verarbeitung auf die Hauptelemente nicht verlorengehen, sondern erfaßt werden.

Bei der Berechnung der Vorräte polymetallischer Erze werden daher die Konditionen für alle Hauptkomponenten, wie Blei, Zink, Schwefel und Kupfer (wenn es sich um Pb-Zn-Erze handelt), festgelegt. In einzelnen Erzen muß man auch die Konditionen für Zinn, Molybdän und Baryt festlegen. Hinsichtlich der edlen, seltenen und dispersen Elemente ist zu sagen, daß die obligatorische Aufgabe gestellt ist, bei der Berechnung der Vorräte der Hauptkomponenten der Lagerstätte auch das Auftreten der seltenen und dispersen Elemente in diesen Vorräten zu berücksichtigen.

Ehe wir zur Beschreibung des Systems für die Festlegung der Konditionen kommen, erachten wir die Bemerkung für notwendig, daß die Konditionen für den Metallgehalt in den Erzen und für die Mächtigkeit der Erzkörper gewöhnlich nicht für lange Fristen fest-

[1)] Aus dem Buch: „Haupttypen der Blei-Zink-Lagerstätten" (russ.) von A. A. AMIRASLANOW.

gelegt werden, sondern nur für drei bis fünf Jahre und etwas darüber. Ferner ist offensichtlich, daß die Konditionen für die verschiedenen Erztypen nicht gleichartig und nicht nach einem Standard festgelegt werden können. So müssen z. B. Erze aus verschiedenen Lagerstätten, die zu einem Typ — dem Kiestyp — gehören, in Abhängigkeit von der Mächtigkeit der Erzkörper, dem Gehalt der verschiedenen Metalle, den Lagerungsverhältnissen (oberflächennah usw.), dem Auftreten verschiedener Erztypen (oxydische, gemischte, primäre, massige, eingesprengte), d. h. Faktoren, die die Auswahl der technologischen Prozesse für die Verarbeitung dieser Erze beeinflussen, ihre Konditionsverhältnisse einzeln haben, trotz der Gemeinsamkeit ihres Typs.

Sogar in ein und derselben Lagerstätte werden entsprechend den obenangeführten Faktoren verschiedene Konditionen für verschiedene Erztypen festgelegt.

Daher folgt aus dem bereits Gesagten, daß die Konditionen für den Gehalt an Metallen in den Erzen und für die Mächtigkeiten der Erzkörper für jede Lagerstätte unter Berücksichtigung ihrer individuellen Verhältnisse festgelegt werden müssen. Bei der Festlegung der Konditionen kann sich der Geologe auch der Methode des Vergleichs mit gleichtypigen Erzen in analogen Lagerstätten bedienen.

Welche Konditionen bestehen gegenwärtig für die Erze von Blei-Zinklagerstätten?

Für die großen und mittleren polymetallischen Lagerstätten des Kiestyps wird der Bortgehalt für das Hauptmetall — Blei — gewöhnlich mit 0,7—0,8% angenommen, darunter gelten die Erze als Außerbilanzvorräte. Unter Berücksichtigung dessen, daß bei einer Erhöhung des technischen Niveaus künftig auch die ärmeren Erze in den Abbau einbezogen werden können, sind die Geologen jedoch verpflichtet, Erze mit einem Bleigehalt unter 0,7% ebenfalls zu berücksichtigen und als Außerbilanzerze zu berechnen. Wenn die montangeologischen Verhältnisse (Mächtigkeit der Erzkörper, Verhältnis der Deckschichten zum Erz u. a.) die Möglichkeit der Gewinnung im Tagebau geben, sinkt der Bortgehalt auf 0,5%. Die größten Mächtigkeiten der in die Vorratsberechnung einbezogenen tauben Gesteine oder armen Erze in den Umrissen der industriellen Erze werden gewöhnlich maximal mit 2—3 m festgelegt. Diese Daten können sich jedoch je nach dem Gehalt an Metallen (Blei, Zink und Begleitelementen) und den geologischen, montantechnischen, technologischen und anderen Verhältnissen verändern.

Bei der Festlegung der Konditionen müßten die projektierenden Institute der Industrie die Hauptrolle spielen, da alle aufgezählten Kennziffern, die die Festlegung der Konditionen beeinflussen, der Projektierung der Gruben- und Aufbereitungsanlagen, die auf der Basis der Erze einer gegebenen Lagerstätte arbeiten, gewöhnlich zugrundegelegt werden. Leider beteiligen sich aber die projektierenden Institute nicht an der Festlegung der Konditionen.

Die Festlegung der Konditionen verläuft gewöhnlich auf folgende Weise: Die örtlichen geologischen Erkundungsorganisationen verfassen eine kurze montangeologische und mineralogische Charakteristik der in Erkundung befindlichen Blei-Zinklagerstätten. Darin werden entsprechend dem Grad der Erforschtheit die Morphologie der Erzkörper, ihre Lagerungsverhältnisse, das Auftreten oder Fehlen tauber Gesteine und armer Erze innerhalb der Erzkörper, der Charakter der Verteilung der reichen und armen Erze sowohl in der Horizontalen als auch in der Vertikalen, das Auftreten von Erzsorten und -typen u. a. behandelt. Im gleichen Schriftstück bringen die geologischen Erkundungsorganisationen Vorschläge für die Konditionen, wobei sie von den Arbeitserfahrungen der Bergbaubetriebe ausgehen, die auf Lagerstätten arbeiten, die mit der in Erkundung befindlichen Lagerstätte Ähnlichkeit aufweisen. Dieses Projekt zusammen mit dem Vorschlag der örtlichen geologischen Erkundungsorganisationen wird der Hauptverwaltung für geologische Erkundung der Industrieministerien oder der entsprechenden geologischen Verwaltung des Ministeriums für Geologie und Lagerstättenschutz der UdSSR und in Durchschrift der Hauptverwaltung des Industriezweigs (in diesem Fall der Hauptverwaltung für Blei und Zink beim Ministerium für Buntmetallurgie der UdSSR) vorgelegt.

Dieses Material wird von Sachverständigen der obenerwähnten Hauptverwaltungen begutachtet, und das zwischen der Hauptverwaltung für Blei und Zink und der Hauptverwaltung für Geologie abgestimmte Projekt der Konditionen wird der Technischen Verwaltung des Ministeriums für Buntmetallurgie der UdSSR vorgelegt. Die Technische Verwaltung prüft das Projekt der Konditionen und konsultiert die Hauptverwaltungen der Industriezweige, die Hauptverwaltung Geologie, ferner die projektierenden Institute. Auf der Grundlage all dessen führt die Technische Verwaltung einen endgültigen Beschluß über die Festlegung der Konditionen herbei. Alles das wird in Form eines rechtskräftigen Dokuments niedergelegt und den örtlichen geologischen Erkundungsorganisationen, die die Lagerstättenerkundung durchführen, übersandt, ferner der Staatlichen Vorratskommission beim Ministerrat der UdSSR[2]).

Die Berechnung der Vorräte erfolgt durch die geologischen Organisationen, die von den bereits festgelegten Konditionen ausgehen. Die unter Zugrundelegung dieser Daten berechneten Vorräte werden der Staatlichen Vorratskommission zur Bestätigung vorgelegt. Die Experten der Staatlichen Vorratskommission untersuchen die Vorratsberechnung gründlich in bezug auf alle wesentlichen Fragen, die in den Instruktionen der Staatlichen Vorratskommission vorgesehen sind, darunter auch die Richtigkeit der Konditionen, und sie geben eine eingehende Stellungnahme. Wenn die Mehrheit der Mitglieder der Staatlichen Vorratskommission und der Experten den festgelegten Konditionen nicht zustimmt, kann die Staatliche Vorratskommission einen Beschluß über die Revidierung der Konditionen fassen und ihn dem Ministerrat der UdSSR zur Kenntnis bringen, mit der begründeten Bitte, das entsprechende Ministerium zur Revidierung der Kondition zu verpflichten.

Daher liegen bei der Staatlichen Vorratskommission die Funktionen einer letzten staatlichen Kontrolle. Die Staatliche Vorratskommission kann es nicht nur ablehnen, Vorräte erkundeter Lagerstätten zu bestätigen, weil die Berechnung der Vorräte nicht der Instruktion der Staatlichen Vorratskommission entspricht, sondern auch wegen einer falschen (zu hohen oder zu niedrigen) Festlegung der Konditionen.

[2]) In Zusammenhang mit der Auflösung des Ministeriums für Buntmetallurgie der UdSSR und seiner Hauptverwaltungen und in Zusammenhang mit der Reorganisation der Leitung der Industrie und des Bauwesens wird sich das System der Festlegung von Konditionen für Blei-Zinkerze bei den Vorratsberechnungen in Zukunft verändern.

Zeitschrift für angewandte Geologie (1959) Heft 4

Zur Diskussion über den „besten" Mittelwert für geologische Erkundungsdaten[1]

WOLFGANG GOTTE, Freiberg/Sachs.

Bei der Berechnung der Vorräte von Lagerstätten, in denen der gesuchte Stoff mit anderen Komponenten vermengt auftritt und die Mächtigkeit schwankt, ist es allgemein üblich, den Durchschnittsgehalt für einen bestimmten Block nicht als gewöhnliches arithmetisches Mittel, sondern auf Grund der Absätzigkeit der Gehalte wie auch der Mächtigkeiten als gewogenes arithmetisches Mittel zu berechnen. Die analytisch bestimmten Gehalte der Einzelproben werden jeweils mit der betreffenden Mächtigkeit multipliziert. Den Durchschnittsgehalt erhält man dann durch Division der Summe der Meterprozente durch die Summe der Mächtigkeiten. Dieses Verfahren nimmt einen erheblichen Aufwand an Rechenarbeiten in Anspruch. Aus diesem Grunde ist die von STAMMBERGER angeregte Diskussion, ob die auf diese Weise erzielte Genauigkeit in einem gesunden Verhältnis zu dem Arbeitsaufwand steht, zu begrüßen.

STAMMBERGER kommt in den Abschnitten 5–8 unter Bezugnahme auf von anderen Forschern zu dieser Frage gelieferte Beiträge zu folgenden Schlußfolgerungen:

1. Die Bestimmung des gewogenen arithmetischen Mittels ist nur dann unbedingt erforderlich, wenn eindeutige Beziehungen zwischen Gehalt und Mächtigkeit bestehen. In den häufigsten Fällen reagieren jedoch die Gehalte nicht auf Veränderungen der Mächtigkeit. „Wenn eine solche geologisch-physikalische Beziehung nicht vorliegt und dennoch das gewogene Mittel berechnet wird, ergibt es unrichtige Werte; sie müssen deshalb unrichtig sein, weil sie nicht existierende geologische Verhältnisse voraussetzen."

2. Die Fehler bei der Bestimmung des Durchschnittsgehaltes als gewöhnliches arithmetisches Mittel gleichen sich nach dem Gesetz der großen Zahlen mehr oder weniger aus.

STAMMBERGER betont also, daß bei Fehlen funktionaler oder korrelativer Beziehungen zwischen dem Gehalt und der Mächtigkeit sowohl das gewöhnliche wie auch das gewogene arithmetische Mittel auf Grund des Stichprobencharakters der Probenahme keinen dem wirklich vorhandenen Durchschnittsgehalt entsprechenden Wert liefern. Aus diesem Grunde hält es STAMMBERGER im Hinblick auf die dadurch mögliche Arbeitseinsparung für ausreichend, unter den genannten Bedingungen das gewöhnliche arithmetische Mittel anzuwenden.

Im folgenden soll untersucht werden, bei welchen Lagerstättentypen unter Anwendung der verschiedenen Berechnungsmethoden Differenzen zum wahren Gehalt des bemusterten Lagerstättenteiles auftreten und welcher Art diese sind. Vorausschickend ist zu sagen, daß bei Lagerstätten ohne Beziehungen zwischen Gehalt und Mächtigkeit stets Differenzen entstehen werden, indem der Gehalt einer Schlitzprobe (z. B. 10 cm breit) in der Praxis der Vorratsberechnung bei einseitiger Bemusterung auf einem Lagerstättenteil von der Länge des Schlitzabstandes (z. B. 3 m) und der Höhe des Blockes (z. B. 60 m) extrapoliert wird. Diese Unsicherheit der Aussage betrifft sowohl das gewöhnliche wie auch das gewogene arithmetische Mittel. Man muß demzufolge bei unserer Erörterung von den analytisch erhaltenen Werten, die zwar nur den Gehalt des entnommenen Musters angeben, aber den gesamten Block charakterisieren sollen, ausgehen. Trotz der durch den Stichprobencharakter dieser Ergebnisse bedingten Unzuverlässigkeit wird stets Wert darauf zu legen sein, alle Arbeitsgänge der Probenahme und -verarbeitung möglichst exakt durchzuführen, was sich in einer regelmäßigen Anlage der Schlitze, der ständigen Kontrolle des chemischen Labors usw. äußert. Es ist deshalb m. E. auch ebenso wichtig, in der Vorratsberechnung ein Rechenverfahren anzuwenden, welches vermeidbare und vor allem systematische Fehler ausschaltet.

Die Frage nach dem „besten" Mittelwert kann gewissermaßen auf experimentellem Wege beantwortet werden. Ein solcher ist die graphische Darstellung verschiedener Möglichkeiten der Verteilung des nutzbaren Minerals oder Elementes in der Lagerstätte und der

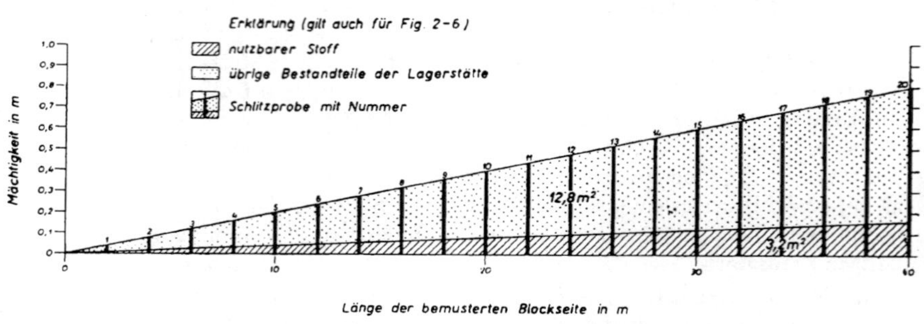

Abb. 1. Lagerstätte mit wechselnder Mächtigkeit, aber konstantem Gehalt an nutzbarem Stoff (Beispiel: monomineralische Lagerstätte mit stetig zunehmender Mächtigkeit)

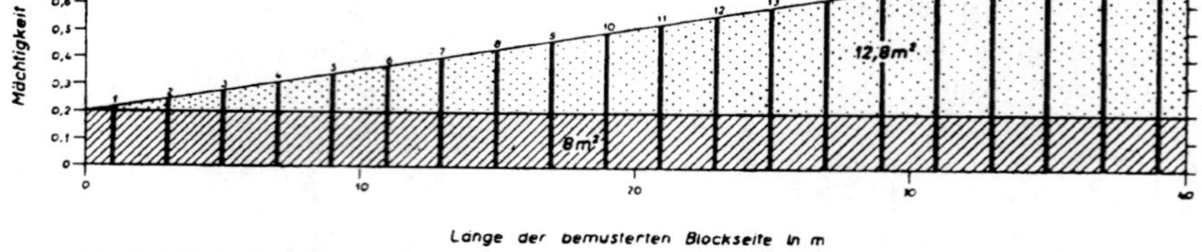

Abb. 2. Mächtigkeit verschieden, Gehalte der Einzelproben umgekehrt proportional zur Mächtigkeit, Meterprozente bzw. Metallschüttung konstant (Beispiel: primär homogene Ganglagerstätte mit konstanter Erzmächtigkeit, die durch eine erzfreie jüngere Paragenese überprägt wurde, so daß die Einzelgehalte mehr oder weniger verdünnt wurden)

[1] Diskussionsbeitrag zu dem unter dem gleichen Titel von F. STAMMBERGER in Bd. 4, Heft 1/58 dieser Zeitschrift veröffentlichten Aufsatz.

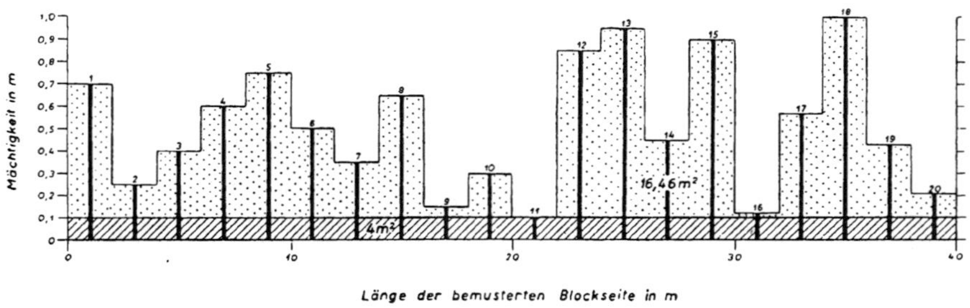

Abb. 3. Grundlegende Merkmale wie bei Abb. 2; die Mächtigkeit der jüngeren Mineralzufuhr folgt jedoch keiner Regel

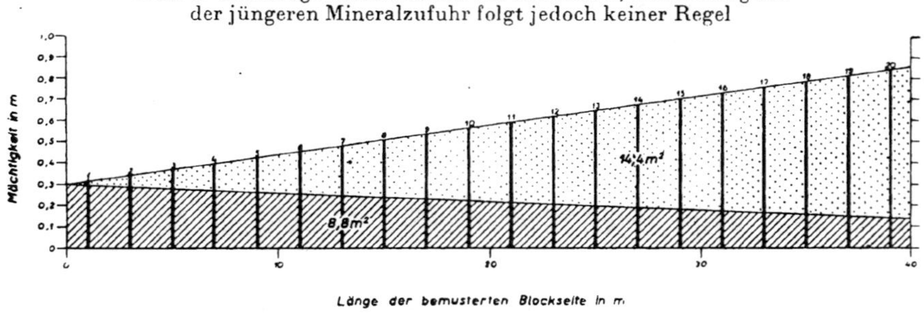

Abb. 4. Die Erzmächtigkeit ist nicht konstant, die Mächtigkeit der übrigen Bestandteile nimmt mit zunehmender Erzmächtigkeit ab (Beispiel: wie bei 2, aber keine konstante Mächtigkeit der ersten Paragenese)

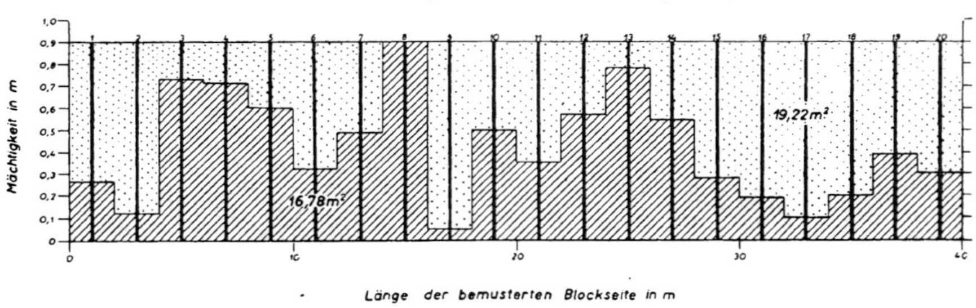

Abb. 5. Mächtigkeit konstant, Gehalte verschieden (Beispiel: wechselnd stark metasomatisch vererzter sedimentärer Horizont)

Vergleich des gewogenen sowie des gewöhnlichen arithmetischen Mittels mit dem in den angenommenen Beispielen durch Planimetrieren bestimmten tatsächlich vorhandenen Gehalt. Hierzu ist nochmals zu bemerken, daß bei den Lagerstätten mit zufälliger Verteilung des Metallgehaltes (z. B. Abb. 5 und 6) die angewandte graphische Darstellung insofern von der Wirklichkeit abweicht, als die Gehalte und Mächtigkeiten der Schlitze auf einen Lagerstättenteil von der Breite des Schlitzabstandes übertragen worden sind. Die Auswertung der graphischen Darstellung bezieht sich also in Wirklichkeit nur auf die als Muster entnommene relativ geringe Teilmenge des zu charakterisierenden Blockes. In den Darstellungen werden streng genommen demzufolge nicht die wirklichen Gehalte der Blöcke, sondern die der diese charakterisierenden Muster miteinander verglichen, wobei allerdings bei den Typen mit gesetzmäßiger Verteilung beide einander weitgehend entsprechen.

Auf die beschriebene Weise haben wir einzelne mögliche Fälle der Metallverteilung in den Abb. 1—6 dargestellt. Für alle Beispiele gilt[2]):

1. Die Probenabstände sind konstant.
2. Die in Wirklichkeit wohl stets unterschiedlichen Dichten des nutzbaren Stoffes und der übrigen Bestandteile (bzw. die Molekular- oder Atomgewichte der analytisch bestimmten Komponenten) blieben unberücksichtigt, da sie das Prinzip der aufgeworfenen Frage nicht berühren. Der analytisch festgestellte Gehalt kann demzufolge als entsprechender Anteil einer aus Mächtigkeit und Probenabstand gebildeten Fläche dargestellt werden.
3. Der in Wirklichkeit über die gesamte Lagerstättenmächtigkeit meist unregelmäßig verteilte nutzbare Stoff wurde der Übersichtlichkeit wegen in den Diagrammen zu einer geschlossenen Fläche zusammengezogen.

Die den Abb. 1—6 zugrundegelegten sowie die aus diesen ermittelten Werte sind in der untenstehenden Tabelle zusammengestellt.

Zu Abb. 1: Sowohl das gewogene wie das gewöhnliche arithmetische Mittel liefern selbstverständlich den tatsächlich vorhandenen bzw. durch Planimetrieren gewonnenen Gehalt.

Zu Abb. 2 und 3: Der Gehalt ist funktional mit der Mächtigkeit verbunden. Allein das gewogene arithmetische Mittel kann den wirklichen Durchschnittsgehalt ergeben, wie auch die graphische Darstellung anschaulich zeigt; denn geringmächtige Gangteile, die unter diesen Verhältnissen besonders hohe Gehalte liefern, gehen mit gleichem Gewicht in das gewöhnliche arithmetische Mittel und damit in die Tonnage ein, obwohl sie an der Haufwerkschüttung nur untergeordnet beteiligt sind. In den beiden dargestellten Fällen (Fall 2: Mächtigkeit nimmt stetig zu; Fall 3: regellose Verteilung der Mächtigkeiten) treten folgende Extremwerte auf: Geringer Gehalt bei hoher Mächtigkeit sowie hoher Gehalt bei geringer Mächtigkeit. Bei dem hier vorhandenen Durchschnittsgehalt fällt das gewöhnliche arithmetische Mittel zu hoch aus. Es fehlen die Extremwerte: hoher Gehalt bei hoher Mächtigkeit und geringer Gehalt bei geringer Mächtigkeit. In einem Fall, wo nur diese beiden Extreme vorhanden wären, würde das gewöhnliche arithmetische Mittel zu niedrig liegen. Das kann durch Vertauschung von „nutzbarem Stoff" und „übrigen Bestandteilen" in den Figuren 2 und 3 leicht abgelesen werden.

Zu Abb. 4: Die Haufwerks- sowie die Metallschüttung sind für einzelne Teile der Gangfläche verschieden. Im übrigen gelten die bei Abb. 2 und 3 genannten Merkmale.

Zu Abb. 5: Die Haufwerkschüttung ist pro Flächeneinheit gleich. Das gewöhnliche arithmetische Mittel der Einzelanalysen ergibt denselben Wert wie das gewogene, da diese Körper gleicher Größe (Mächtigkeit × Schlitzabstand × Blockhöhe) repräsentieren.

[2]) Die graphische Darstellung einiger einfachen Beispiele mag dem Eingeweihten überflüssig erscheinen. Sie bietet aber die beste Möglichkeit, denen, die mit den mathematischen Grundlagen der angeschnittenen Fragen nicht vertraut sind, die Probleme leicht und anschaulich zu erläutern.

Tabelle der in den Abb. 1—6 benutzten Einzelwerte für Mächtigkeit, Gehalt usw. sowie der errechneten Durchschnittsgehalte

A = Proben-Nr. B = Mächtigkeit der Lagerstätte am Probenahmepunkt in m C = Anteil des nutzbaren Stoffes an der Mächtigkeit in m D = Analytisch bestimmter Gehalt an nutzbarem Stoff in % E = Mächtigkeit × Gehalt in m%

zu Abb. 1

A	1	2	3	4	5	6	7	8	9	10	11	12	13	14	15	16	17	18	19	20	Sa.
B	0,04	0,08	0,12	0,16	0,20	0,24	0,28	0,32	0,36	0,40	0,44	0,48	0,52	0,56	0,60	0,64	0,68	0,72	0,76	0,80	8,40
C	0,008	0,016	0,024	0,032	0,040	0,048	0,056	0,064	0,72	0,080	0,088	0,096	0,104	0,112	0,120	0,128	0.136	0,144	0,152	0,160	1,680
D	20	20	20	20	20	20	20	20	20	20	20	20	20	20	20	20	20	20	20	20	400
E	0,8	1,6	2,4	3,2	4,0	4,8	5,6	6,4	7,2	8,0	8,8	9,6	10,4	11,2	12	12,8	13,6	14,4	15,2	16	168

Gewogenes arithmetisches Mittel: $\frac{168}{8,4} = 20\%$; gewöhnliches arithmetisches Mittel: $\frac{400}{20} = 20\%$; durch Planimetrieren in Abb. 1 bestimmter Flächenanteil des nutzbaren Stoffes: $\frac{3,2 + 100}{16} = 20\%$;

zu Abb. 2

A	1	2	3	4	5	6	7	8	9	10	11	12	13	14	15	16	17	18	19	20	Sa.
B	0,216	0,248	0,280	0,312	0,344	0,376	0,408	0,440	0,472	0,504	0,536	0,568	0,600	0,632	0,664	0,696	0,728	0,760	0,792	0,824	10,400
C	0,2	0,2	0,2	0,2	0,2	0,2	0,2	0,2	0,2	0,2	0,2	0,2	0,2	0,2	0,2	0,2	0,2	0,2	0,2	0,2	4.0
D	92,6	80,7	71,4	64,1	58,2	53,2	49,0	45,5	42,4	39,7	37,3	35,2	33,3	31,6	30,1	28,7	27,5	26,3	25,3	24,3	896,4
E	20	20	20	20	20	20	20	20	20	20	20	20	20	20	20	20	20	20	20	20	400

Gewogenes arithmetisches Mittel: $\frac{400}{10,4} = 38,5\%$; gewöhnliches arithmetisches Mittel: $\frac{896,4}{20} = 44,8\%$; durch Planimetrieren in Abb. 2 bestimmter Flächenanteil des nutzbaren Stoffes: $\frac{8 + 100}{20,8} = 38,5\%$;

zu Abb. 3

A	1	2	3	4	5	6	7	8	9	10	11	12	13	14	15	16	17	18	19	20	Sa.
B	0,70	0,25	0,40	0,60	0,75	0,50	0,35	0,65	0,15	0,30	0,10	0,85	0,95	0,45	0,90	0,12	0,57	1	0,43	0,21	10,23
C	0,1	0,1	0,1	0,1	0,1	0,1	0,1	0,1	0,1	0,1	0,1	0,1	0,1	0,1	0,1	0,1	0,1	0,1	0,1	0,1	2
D	14,3	40,0	25,0	16,7	13,3	20	28,6	15,4	66,7	33,3	100,0	11,8	10,5	22,2	11,1	83,3	17,6	10	25,6	47,6	613
E	10	10	10	10	10	10	10	10	10	10	10	10	10	10	10	10	10	10	10	10	200

Gewogenes arithmetisches Mittel: $\frac{200}{10,23} = 19,6\%$; gewöhnliches arithmetisches Mittel: $\frac{613}{20} = 30,6\%$; durch Planimetrieren in Abb. 3 bestimmter Flächenanteil des nutzbaren Stoffes: $\frac{4+100}{20,64} = 19,6\%$;

zu Abb. 4

A	1	2	3	4	5	6	7	8	9	10	11	12	13	14	15	16	17	18	19	20	Sa.
B	0,314	0,342	0,370	0,398	0,426	0,454	0,482	0,510	0,538	0,566	0,594	0,622	0,650	0,678	0,706	0,734	0,762	0,790	0,818	0,846	11,600
C	0,296	0,288	0,280	0,272	0,264	0,256	0,248	0,240	0,232	0,224	0,216	0,208	0,200	0,192	0,184	0,176	0,168	0,160	0,152	0,144	4,400
D	94,3	84,2	75,7	68,3	62	56,4	51,4	47	43,1	39,6	36,4	33,4	30,8	28,3	26	24	22,1	29,3	18,6	17	878,9
E	29,6	28,8	28	27,2	26,4	25,6	24,8	24	23,2	22,4	21,6	20,8	20	19,2	18,4	17,6	16,8	16	15,2	14,4	440

Gewogenes arithmetisches Mittel: $\frac{440}{11,6} = 37,9\%$; gewöhnliches arithmetisches Mittel: $\frac{878,8}{20} = 43,9\%$; durch Planimetrieren in Abb. 4 bestimmter Flächenanteil des nutzbaren Stoffes: $\frac{8,8 + 100}{23,2} = 37,9\%$;

zu Abb. 5

A	1	2	3	4	5	6	7	8	9	10	11	12	13	14	15	16	17	18	19	20	Sa.
B	0,9	0,9	0,9	0,9	0,9	0,9	0,9	0,9	0,9	0,9	0,9	0,9	0,9	0,9	0,9	0,9	0,9	0,9	0,9	0,9	18
C	0,26	0,12	0,73	0,71	0,60	0,32	0,49	0,90	0,05	0,50	0,35	0,57	0,78	0,55	0,28	0,19	0,10	0,20	0,39	0,30	8,39
D	28,9	13,3	81,2	78,9	66,7	35,6	54,5	100	5,6	55,6	38,9	63,3	86,7	61,1	31,1	21,1	11,1	22,2	43,3	33,3	932,4
E	26	12	73	71	60	32	49	90	5	50	35	57	78	55	28	19	10	20	39	30	839

Gewogenes arithmetisches Mittel: $\frac{839}{18} = 46,6\%$; gewöhnliches arithmetisches Mittel: $\frac{932,4}{20} = 46,6\%$; durch Planimetrieren in Abb. 5 bestimmter Flächenanteil des nutzbaren Stoffes: $\frac{16,78 + 100}{36} = 46,6\%$;

zu Abb. 6

A	1	2	3	4	5	6	7	8	9	10	11	12	13	14	15	16	17	18	19	20	Sa.
B	0,17	0,31	0,56	0,82	0,43	0,47	0,26	0,72	0,68	1,01	0,34	0,37	0,29	0,29	0,36	0,56	0,41	0,51	0,25	0,43	9,24
C	0,030	0,049	0,095	0,088	0,052	0,070	0,018	0,052	0,030	0,051	0,004	0,003	0,005	0,011	0,031	0,030	0,045	0,040	0,019	0,088	0,811
D	17,54	15,70	17	10,73	12,13	14,91	6,81	7,28	4,37	5,04	1,24	0,77	1,61	3,98	8,52	5,34	11,06	7,80	7,70	20,57	180,10
E	2,98	4,86	9,52	8,79	5,22	7,01	1,77	5,24	2,97	5,09	0,42	0,28	0,46	1,15	3,07	2,99	4,53	3,98	1,93	8,85	81,11

Gewogenes arithmetisches Mittel: $\frac{81,11}{9,24} = 8,78\%$; gewöhnliches arithmetisches Mittel: $\frac{180,10}{20} = 9,05\%$; durch Planimetrieren in Abb. 6 bestimmter Flächenanteil des nutzbaren Stoffes: $\frac{7,299 + 100}{83,160} = 8,78\%$;

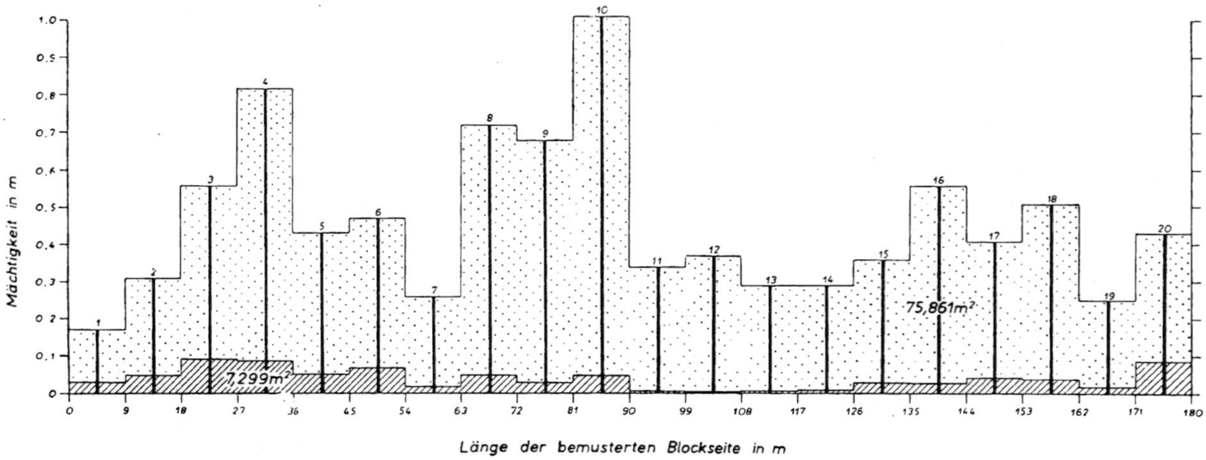

Abb. 6. Mächtigkeit verschieden, Gehalte verschieden, ohne Beziehung zueinander; häufigster Fall bei Ganglagerstätten (Beispiel: Brander Revier südlich Freiberg, Karl Stehender 15. Sohle)

Zu Abb. 6: Auf Grund der im Prinzip auch in diesem Fall vorhandenen bei Figur 2 geschilderten Voraussetzungen ist das gewöhnliche arithmetische Mittel ungenau. Solange Extremwerte aller vier Arten in annähernd gleicher Zahl auftreten, gleichen sie sich nach dem Gesetz der großen Zahlen mehr oder weniger aus. Das gewogene arithmetische Mittel liefert zwar auf Grund des Stichprobencharakters der Bemusterung ebenso wie das gewöhnliche nicht den wahren Gehalt des betreffenden Blockes, entspricht aber im Gegensatz zum gewöhnlichen arithmetischen Mittel dem wahren Gehalt des entnommenen Erzmusters, wie die graphische Darstellung bestätigt. Systematische Fehler, die durch Vorherrschen eines der o. a. Extremwerte durchaus auftreten können, werden bei Anwendung des gewogenen arithmetischen Mittels vermieden. Im Gegensatz zu der Auffassung von STAMMBERGER kommt es u. E. deshalb dem wahren Gehalt des Blockes weit näher als das gewöhnliche, weil es vermeidbare Fehler ausschaltet.

Die behandelten Fälle liefern eine anschauliche Bestätigung dafür, daß bei einer vorhandenen Abhängigkeit des Gehaltes von der Mächtigkeit unbedingt mit dem gewogenen arithmetischen Mittel gearbeitet werden muß. Es geht ferner daraus hervor, daß bei einer genügend großen Probenzahl auch beim Fehlen dieser Beziehung das gewöhnliche arithmetische Mittel dem tatsächlichen Gehalt ausreichend nahestehende Werte ergibt. Das ,,Credo vieler deutscher Erkundungsgeologen" (STAMMBERGER, Abschnitt 5, Abs. 3) beruht jedoch in gewisser Beziehung unbewußt auf einer Tatsache. Diese Feststellung dürfte nicht allein theoretischen Wert besitzen, sondern auch bei Vorratsberechnungen von absätzigen Lagerstätten mit relativ wenig Bemusterungswerten von praktischer Bedeutung sein.

Bevor von der bisher üblichen Art, den Durchschnittsgehalt eines Blockes als gewogenes arithmetisches Mittel zu bestimmen, abgegangen wird, müßte überprüft werden, ob die durch die Instruktion der Zentralen Vorratskommission für den betreffenden Lagerstättentyp festgelegte Probendichte ausreicht, um genügend sichere Werte bei Verwendung des gewöhnlichen arithmetischen Mittels zu erhalten. Wir schlagen vor, an Beispielen aus der Praxis auf statistischem Wege zu ermitteln, welche Probenzahl (bezogen auf eine Flächeneinheit des bemusterten Blockes) mindestens erforderlich ist, um nach dem Gesetz der großen Zahlen ein ausreichend sicheres gewöhnliches arithmetisches Mittel zu erhalten. Als Maßstab für die Beurteilung der erforderlichen Genauigkeit kann nach dem Vorhergesagten selbstverständlich nur der Vergleich des als gewöhnliches Mittel bestimmten angenommenen Gehaltes mit dem als gewogenes arithmetisches Mittel festgestellten wahren Gehalt des entnommenen Musters dienen.

Mineralquellen und Geotektonik in Mitteleuropa

ALF GIESSLER, Halle/S.

Die tektonischen Verhältnisse, welche in geohydrologischer Beziehung bestimmend für das Auftreten und das Auffinden von Mineralwässern im mittel- und westeuropäischen Raume sind, gehen in letzter Auswirkung auf die jüngste großtektonische Phase im europäischen Raume zurück, auf die saxonische Tektonik. STILLE spricht die saxonische Tektonik bzw. Gebirgsbildung als eine vorwiegend in Form der Bruchfaltung erfolgte Eigenfaltung des Bodens an, durchsetzt von Reflexen der Alpenfaltung. Die saxonische Tektonik läßt gleichzeitig Überschiebungen, Zerrungen und eine Durchsetzung mit vulkanischen Ergüssen erkennen. Die Überschiebungen scheinen besonders in der herzynischen Richtung aufzutreten. Die Zerrungen sind mehr rheinisch gerichtet. Die vulkanischen Vorkommen schließlich weisen auf Zerrungstendenzen hin, die der letzten Phase der saxonischen Gebirgsbildung zuzuordnen sind und daher jungtertiäres Alter haben. Im wesentlichen müssen die Zerrsprünge des hangenden Systems als Ausgleichserscheinungen für das Unterbleiben der Faltung im Liegenden betrachtet werden. Die rheinischen Gräben Niederhessens sind sehr instruktiv für die allgemeine Erkenntnis und Deutung der saxonischen Tektonik. Ihr tieferer Untergrund war einer schwachen Faltung nicht zugänglich. Er reagierte auf orogenen Druck z. T. durch distraktive Zerspaltung.

Daher hat ein Ausgleich der entgegengesetzten Tendenzen des nicht faltbaren tieferen Untergrundes und des faltbaren Deckgebirges stattfinden müssen.

Wo jedoch bereits variscisch gefalteter tieferer Untergrund mit in diese neue Faltungsphase einbezogen wird, zerbricht er in größere Schollen, die in Horsten gehoben, in Bruchgräben versenkt oder nach der WEIGELTschen Auffassung der mitteldeutschen Kippscholle geneigt werden. Als ein wichtiges Begleitelement der saxonischen Faltungsphase muß das Steinsalz des Zechsteins genannt werden. Als weitgehend plastisches Material trennt es den subsalinaren, variscischen Untergrund vom faltbaren Deckgebirge. Dabei dringt es bei Druckentlastung in Sätteln und an Störungslinien empor und gelangt als Salzdomaufpressungen bis zur Erdoberfläche. Beim Eintritt in den Grundwasserbereich wird es aufgelöst und der Rückstand sind die sogenannten Gipshüte über den Salzspiegeln.

Zu beachten ist schließlich, daß die saxonische Faltungsphase einen sehr breiten geologischen Zeitabschnitt einnimmt. Sie beginnt bereits am Ende der Trias, verstärkt sich in der Juraperiode, von wo aus sie über das Tertiärzeitalter bis in das Quartär, d. h. also bis in die Gegenwart andauert.

Das im Zusammenhang mit den geohydrologischen Betrachtungen interessierende Ergebnis dieser Großtektonik sind die folgenden geologischen Bauelemente, die außerhalb der mediterranen Gebirgsbildung stehen und vorherrschend NW-SE-Richtung aufweisen, aber auch nach N und NE abgelenkt sein können:

I. Südfrankreich:
   1. Drei Sättel in der nördlichen Aquitaine am Südrand des Zentralplateaus.
   2. Flache Falten in der südlichen Aquitaine parallel zu den Pyrenäen mit Fortsetzung in das Zentralplateau.
   3. Faltungen und randparallele Störungen im Rhônetal vor der Alpenfront.
   4. Eine Reihe von Horsten im Norden des Zentralplateaus.

II. Pariser Becken:
   Mehrere schwache Aufwölbungen (Sattel von Bray usw.).

III. Ostfrankreich, Belgien, Luxemburg: Argonnen, Ardennen.

IV. Mitteleuropa (Deutschland):
   1. Oberrheingraben — Wetterau — Oberhessische Gräben — Rhön — Leinegraben.
   2. Niederrheingraben — Eifel — Mittelrheinische Störungszone.
   3. Teutoburger Wald — Eggegebirge — Störungszone zwischen Weser und Harz.
   4. Flechtinger Höhenzug — Allertalgraben — Harzvorland (Fallstein — Huy — Hackel) — Harz (mit Nordrandstörung).
   5. Nordthüringer Triasbecken mit Kyffhäuser Scholle und herzynischen Störungen, wie Finnestörung, Eichenberg — Gotha — Saalfelder Störung, Netra — Kreuzburger Störung usw.
   6. Thüringer Nordrandstörung — Thüringer Wald — Thüringer Südrandstörung.

Einen skizzenhaften Überblick über die Gesamtverhältnisse gibt die beigefügte Karte.

Als Beitrag zur Klärung der komplizierten Verhältnisse im Untergrund dieser Gebiete muß die Bearbeitung aller bekannten Ergebnisse der Schweremessungen und ihrer Darstellung in einer ersten, wenn auch zum Teil nur relative Vergleichswerte bietenden Schwerekarte der DDR, wie sie jetzt vorliegt, wärmstens begrüßt werden. Anschlüsse dieser Messungen sowohl an die Schweremessungen des westdeutschen Gebietes, der DBR und Frankreichs sowie Belgiens und der Niederlande, wie auch an die entsprechenden Messungen der Volksrepublik Polen und der hoffentlich bald weiter vervollständigten Messungen des Gebietes der ČSR sind notwendig. Je mehr dieses Meßnetz verdichtet wird, um so größer ist die Aussicht, das geologische und tektonische Bild auf dem Wege über die Herausarbeitung charakteristischer Schwerestrukturen und magnetischer Strukturen weiter zu vervollständigen. Für die vorliegende Frage der Klärung von geohydrologischen Problemen ist dies von einem nicht zu unterschätzenden Wert. Auch die Auswertung seismischer Meßergebnisse darf in diesem Zusammenhange nicht verkannt und vernachlässigt werden. Schließlich kommen als neueste ergänzende Methoden die kleintektonische Analyse und die mikromagnetische Vermessung sowie deren Ergänzung durch die Isanomalen-Richtungsstatistik unter Einbeziehung des Kluftrosenbildes für die Aufhellung spezieller, eng begrenzter Gebiete hinzu (5). Mit diesen letztgenannten Methoden kann in Ergänzung zu geoelektrischen Methoden die Deckenstruktur in Mineralquellengebieten erfaßt werden (5).

Bei den Versuchen, das Auftreten von Mineralquellen in bestimmten Gebieten geologisch-geotektonisch zu begründen, hat sich gezeigt, daß geotektonische Leitlinien, wie sie sich aus der vorangegangenen großtektonischen Betrachtung ergeben, häufig geohydrologisch als Quelleitlinien anzusehen sind. Bei nichtlinearer, sondern ausgedehnterer flächiger Verbreitung von Quellvorkommen wurde dabei der Begriff der Quellprovinz geprägt (2, 3). Von großer praktischer Bedeutung ist nun die Frage, ob die auf einer Quelleitlinie oder in einer Quellprovinz entspringenden Wässer einheitlich physikalische und chemische Merkmale aufweisen, wie dies häufig behauptet worden ist. Für die geohydrologische Erkundung bei der Suche nach bestimmten Mineralwässern könnte dieser Gesichtspunkt entscheidend für ein methodisch richtiges Vorgehen sein.

Als geohydrologische Ergänzung zur Geotektonik bietet die Kartenskizze eine Übersicht über eine Reihe der wesentlichsten Mineral- und Heilwasservorkommen. Eine sorgfältige geohydrologische Analyse der Quellvorkommen führt dabei zur Aufdeckung folgender Abhängigkeitsbeziehungen:

1. Thermen. Ihre Temperatur kann bedingt sein durch
   a) die geothermische Tiefenstufe,
   b) magmatische, hydrothermale Differentiation,
   c) geochemische, exotherme Umsetzung.

Natürliche Thermen sind in tektonischer und petrographischer Abhängigkeit strenger lokalisiert. Künstlich erbohrte Thermen können weitflächiger verbreitet und mehr von der Bohrtiefe abhängig sein.

2. Kohlensäurewässer (Säuerlinge). Das CO_2 kann stammen aus
   a) hydrothermaler Differentiation des Restmagmas aus tertiärem Vulkanismus,
   b) Speicherräumen der Litosphäre („fossiles" Gas),
   c) rezenten geochemischen Prozessen anorganischer Art,
   d) rezenten geochemischen Prozesten biogener Art.

Gewöhnlich ist intensivere CO_2-Führung an bestimmte Provinzen gebunden.

3. Radioaktive und radonhaltige Wässer. Sie sind immer petrographisch bedingt, wobei zu beachten ist, daß Radioaktivität eine den verschiedensten Gesteinen zukommende, wenn auch graduell sehr unterschiedliche Eigenschaft ist. Schwache Radioaktivität ist weit verbreitet, starke ist eingeengter petrographisch bedingt und daher an Provinzen gebunden.

7. Karbonatwässer. Hierher gehören Na- wie auch Ca- und Mg-Hydrogenkarbonatwässer, die zwar petrographisch bedingt sind, aber bei der Häufigkeit von Kalkgesteinen und deren leichter Löslichkeit schon durch die Kohlensäure der Luft bzw. deren Anreicherung im Wasser, nicht geotektonisch, sondern petrographisch-stratigraphisch lokalisiert sind.

8. Sonstige Mineralwässer mit besonderen Anteilen an Haupt- und Spurenelementen.

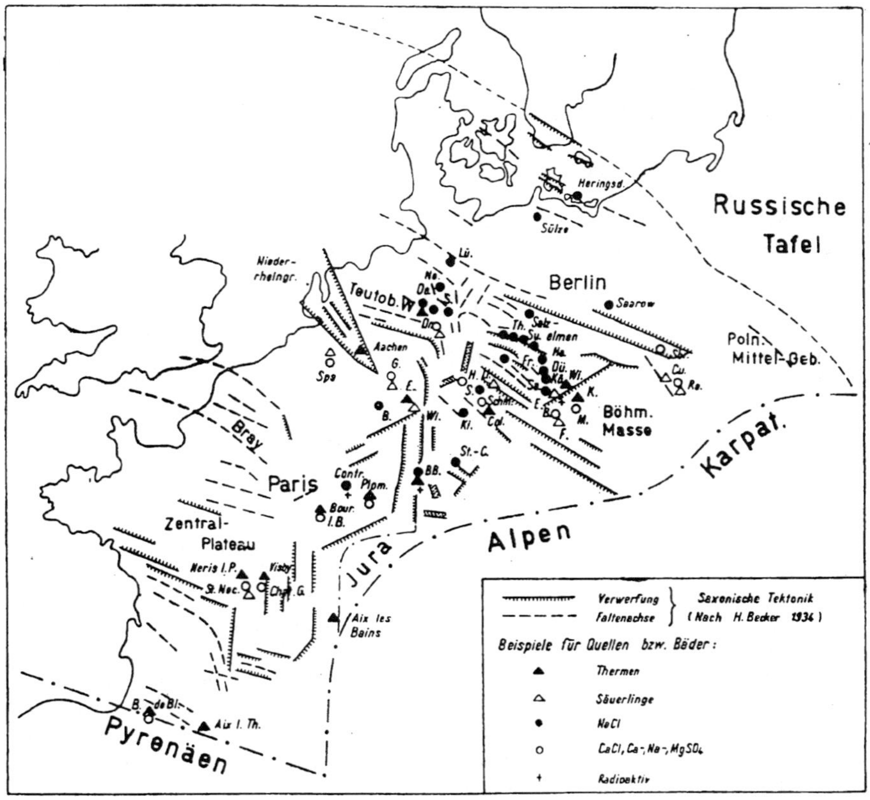

Tektonik und Mineralquellen in Mittel- und Westeuropa

4. Salzwässer und Solen. Sie sind stratigraphisch bedingt, und zwar hauptsächlich an Zechstein, Oberen Buntsandstein, Mittleren Muschelkalk und Gipskeuper gebunden. Auftreten daher in Quellprovinzen.

5. Schwefelwässer. Die H_2S-Führung kann stammen aus

a) geochemischen Prozessen in der Litosphäre, welche petrographisch bedingt sind,

b) biogenen Prozessen, die sehr oberflächennah lokalisiert sind, jedoch mit Beteiligung einer petrographisch-geochemischen Komponente aus dem tieferen Untergrunde (beispielsweise Gipskeuper mit darüberlagerndem Moor).

c) Einwirkung alkalischer Thermen auf Pyrit (nach FRICKE). Derartige Vorkommen sind nicht geotektonisch lokalisiert.

6. Eisenwässer. Bei dem großen Anteil des Eisens an der Zusammensetzung der oberen Erdrinde sind die Möglichkeiten des Auftretens von stark eisenhaltigen Wässern sehr weit verbreitet, so daß sie völlig unabhängig von Leitlinien und Provinzen auftreten können.

Diese Wässer sollen hier nicht weiter berücksichtigt werden, weil dies den für die Arbeit verfügbaren Raum weit überschreiten würde. Gewisse Beziehungen zu Quelleitlinien sind vorhanden.

Diese grundsätzlichen Bemerkungen über die vorhandene oder auch fehlende geochemisch-petrographisch-tektonische Lokalisierung von Mineralwässern lassen zusammen mit einer vergleichenden Betrachtung der Kartenskizze erkennen, daß zwar Quelleitlinien und Quellprovinzen existieren, daß jedoch nicht für alle Quelltypen eine strenge Lokalisierung zu erwarten ist und bei bestimmten Typen zusätzliche Faziesenflüsse sowie tektonische Einflüsse mit hydrophoben und hydrophilen Verwerfungen das Bild der Leitlinien- und Quellprovinzensystematik durchbrechen, was bei der Erkundung von Mineralwässern zu beachten ist.

Literatur

BECKER, M.: Paläozoische Tafeln und Gebirge, Abschn. III Mittel- und Westeuropa, Bd. 2 der Regionalen Geologie der Erde. Lpzg. 38.
CARLÉ, W.: Ztschr. D. Geol. Ges., Bd. 106, Teil 1, 1954.
FRICKE, K.: Geol. Jb., Bd. 69, 1954.
GIESSLER, A.: Ztschr. D. Geol. Ges., Bd. 109, Teil 1, 1957.
GIESSLER, A.: Das unterirdische Wasser. Bln. 1957.
LAUTERBACH, R.: Wi. Ztschr. Karl-Marx-Univ. 3. Jg. 1953/54, Math.-Nat. Heft 3.
SIEMENS, G.: Freiberger Fo.-Hefte, Reihe C, H. 7, 1953.

Tiefbohrungen mit dem Gerät SIF-650A[1]

W. J. NIKULIN, Moskau

Das Bohrgerät SIF-650A ist für Bohrungen bis zu 650 m Tiefe berechnet. In der Praxis der geologischen Erkundungsarbeiten sind Fälle bekannt, in denen mit diesem Gerät Bohrungen von über 800 m Tiefe niedergebracht wurden.

Von der Brigade des Obermeisters M. G. BAGRJANZEW vom Tschernogorsker geologischen Erkundungstrupp wurde in gefrorenem Gestein eine Bohrung bis 835,1 m Tiefe niedergebracht. Das Bohrloch wurde vom 25. November 1957 bis 28. April 1958 gebohrt.

Das Bohraggregat bestand aus einem Gerät SIF-650A mit Antrieb durch einen Elektromotor von 28 kW Leistung und einer Pumpe SIF-R-200/40 mit einem Elektromotor von 14 kW Leistung.

Bis 320 m Tiefe wurden Bohrgestänge von 63,5 mm Durchmesser mit Muffenverbindern verwendet, danach wurden sie von 50 mm-Rohren abgelöst. Die Länge der Bohrgestängezüge betrug 9,5 m. Ein 13 m hohes Bohrgerüst aus Metall, mit vier Füßen wurde in der Werkstatt des Trupps aus Rohren hergestellt (Füße 76 mm∅; Gurte 63,5 mm; Streben 50 mm). Das Bohrgerüst wurde auf einen Schlitten gestellt und bis zum Rahmen des oberen (Rollen-)Blocks mit Schutzblechen verkleidet. Zu dem Bohrgerüst wurde ein transportabler Anbau angefertigt, in dem der Tonmischer und die Pumpe untergebracht wurden. Als Spülflüssigkeit wurde Wasser, und in Abschnitten, in denen ein Zirkulationsverlust anzunehmen war, Tondickspülung verwendet. Während des Bohrvorganges wurde regelmäßig die Bohrlochabweichung gemessen.

Tabelle 1

Gesteins-kategorie	Bohrumfang lfde m	Bohrumfang % vom Gesamtumfang
IV	3,85	0,40
V	99,10	11,90
VI	155,75	18,60
VII	185,35	22,40
VIII	28,10	3,40
IX	334,70	40,00
X	28,25	3,30

Die durchbohrten Gesteine gehören nach ihrer Bohrbarkeit zu den Kategorien IV—X. Die Verteilung der Gesteine nach Bohrbarkeitskategorien ist in Tab. 1 angegeben.

Die Gesteine der Kategorien IX und X wurden mit Gußschrot von 2,5—3 mm Durchmesser, die übrigen Gesteine mit in örtlicher Ausführung bewehrten Bohrschneiden aus Hartlegierung (WK-8) der Form G-53 und Bohrkronen TH-3 und ZKB mit einem Durchmesser von 91 und 77 mm durchbohrt.

Für das Bohrloch im ganzen betrug der mittlere Fortschritt des reinen Bohrens 0,47 m/h, was im Vergleich zur Norm 103,2% ausmacht.

Tabelle 2

Bohrloch-durch-messer, mm	Teufe in m von – bis	Teufe in m Insgesamt	Verrohrung, m von – bis	Verrohrung, m Insgesamt
223	0,0 – 1,25	1,25	0,0 – 1,25	1,25
168	1,25 – 3,5	2,25	0,0 – 3,5	3,5
131	3,5 – 336,0	332,5	–	–
111	336,0 – 482,15	146,15	–	–
92	482,15 – 793,0	310,85	–	–
76	793,0 – 835,1	42,1	–	–

Die Konstruktion der Bohrung wird durch die Angaben in Tab. 2 gekennzeichnet.

Der große Anfangsdurchmesser ist damit zu erklären, daß das Bohrloch in Geschieben vorgebohrt wurde und es nötig war, ein Standrohr mit erhöhter Festigkeit zu setzen. Mit einem Durchmesser von 131 mm wurde das Bohrloch bis zu einer Tiefe von 336 m gebohrt, weil in den Bohrabschnitten 110—115 und 314—330 m, ähnlich wie bei den benachbarten Bohrungen, eine sehr erhebliche Absorption der Spülflüssigkeit angenommen wurde.

Mitteilungen über die Arbeitszeitbilanz während der Bohrlochniederbringung enthält die Tab. 3.

Betriebsstörungen wurden im wesentlichen durch Festfahren des Kernrohres an der Bohrlochsohle hervorgerufen. Im Verlaufe der Arbeiten traten drei Betriebsstörungen ein, die ein Zerschneiden von Kernrohren 127 mm in einzelne Streifen mit darauffolgendem Herausziehen derselben erforderlich machten.

Zur Erleichterung der Windenarbeit wurde für die verschiedenen Tiefen eine verschiedene Rollenzugausrüstung verwendet: bis 400 m — mit 2 Seilen, von 400 bis 700 m — mit drei und weiter — mit 4 Seilen, wobei das tote Ende im Bohrturme befestigt und auf ihm ein Zugkraftmesser TD-8 montiert wurde.

Der Druck auf die Bohrlochsohle veränderte sich in den Grenzen von 600 bis 700 kg bei der Schrotbohrkrone und von 800 bis 1200 kg auf die Bohrkrone mit hartlegierungsbewehrten Schneiden.

Die Regelung des Druckes auf die Bohrlochsohle wurde mit Hilfe eines Manometers und eines Zugkraftmessers TD-8 durchgeführt. Das Bohren erfolgte mit dem II. und III. Gang des Bohrgeräts. Die Spülflüssigkeit wurde in einer Menge von 30 bis 40 l/min zugeführt.

Tabelle 3

Arbeitsvorgang	Zeitaufwand in Bohrgerät-Stunden: Dezember	Januar	Februar	März	April	Insgesamt	% des gesamten Zeitaufwandes
Reines Bohren	383,50	261,50	400,00	425.00	305.50	1775.50	49,30
Ein- und Ausbau des Bohrgeräts	153,50	112,00	252,00	232,00	276.00	1025.50	28,60
Geophysikalische Arbeiten	–	5,50	–	6,00	–	11.50	0,42
Reparaturen	3,50	16,00	3.00	10,00	27,00	59,50	1,70
Sonstige Arbeiten	98,00	14,00	24.00	–	18,00	154.00	4,35
Betriebsstörungen	81,50	323,00	36,00	20.50	37,50	498.50	13,80
Betriebsunterbrechungen	24,00	2,00	1,00	30.50	8,00	65,50	1,83
Insgesamt:	744,00	734,00	716,00	724,00	672,00	3590,00	100,00

[1]) Aus: „Raswedka i ochrana nedr", Heft 11/1958, Abschnitt: „Erfahrungsaustausch", S. 52—53.

Die bei der Niederbringung der Bohrung vorgekommenen Störungen am Bohrgerät bestanden darin, daß: a) der Anzeiger des Druckes auf die Bohrlochsohle ausfiel und b) Fälle vorkamen, daß sich die Befestigungsmutter der Friktionsscheibe auf der primären Welle des Getriebekastens löste.

Der durchschnittliche Bohrfortschritt je Maschinen-(Bohrgerät-) Monat betrug 167,02 lfdm, was einer Normerfüllung durch die Brigade von 116% entspricht.

Auf Grund der gesammelten Erfahrungen können folgende Schlüsse gezogen werden:

1. Das Bohrgerät SIF-650A gestattet es, Bohrungen bis zu 850 m Tiefe niederzubringen; Brüche der Verbindungen und Einzelteile sind hierbei nicht zu verzeichnen. Um eine erfolgreiche Arbeit leisten zu können, ist es erforderlich, eine Rollenzugausrüstung mit vier Seilen zu verwenden, eine Vierkantstange zu montieren und am toten Ende des Seiles einen Zugkraftmesser TD-8 aufzustellen.

2. In den größten Teufen ist es am besten, die Bohrung mit einer Rohrweite von 76 mm im II. Gang bei einer Zuführung von 30 bis 40 l/min Spülflüssigkeit und einem Druck auf die Bohrlochsohle von 600 bis 1200 kg (je nach dem Typ der Bohrkronen) niederzubringen.

Iwan Michailowitsch Gubkin - der Vater der sowjetischen Erdölgeologie

FRANK WEGERT, Ludwigslust

Am 21. April 1959 jährt sich zum 20. Male der Todestag des sowjetischen Geologen I. M. GUBKIN. Sein Name wird in der Erdölgeologie nicht vergessen werden. GUBKIN schuf die theoretischen Grundlagen für die Erkundung, er organisierte die Hochschulbildung auf diesem Gebiet, und er richtete die Aufmerksamkeit der Erkundung auf das Wolga-Uralgebiet, wo dann auch die reichsten Erdölfelder der Sowjetunion entdeckt wurden. Nicht umsonst nennt man ihn in der Sowjetunion den Vater der Erdölgeologie.

GUBKIN wurde 1871 als Sohn einer armen Bauernfamilie geboren, beendete ein Lehrerseminar und arbeitete als Dorfschullehrer. 1895 kam er nach Petersburg, hörte im Lehrerinstitut und nahm an der Arbeit des „Kampfbundes zur Befreiung der Arbeiterklasse" teil. Dann begann er sein Studium an der Petersburger Bergakademie und wurde 1910 als wissenschaftlicher Mitarbeiter in das Geologische Komitee aufgenommen. Während der Oktoberrevolution befand er sich in den Vereinigten Staaten von Amerika auf einer Dienstreise. 1918 kehrte er in die SU zurück und nahm sofort aktiv an der Organisierung des Geologischen Dienstes teil. Bis an sein Lebensende arbeitete er in leitenden Stellungen an zentralen geologischen Institutionen.

GUBKIN war in hervorragender Weise an der Erziehung neuer Kader beteiligt. So hatte er eine Zeitlang den Posten des Rektors der Moskauer Bergakademie inne. Hier organisierte er verschiedene neue Lehrstühle, aus denen 1930 das Moskauer Erdölinstitut, das heute seinen Namen trägt, hervorging. Viele Verdienste hat er bei der Gründung wissenschaftlicher Forschungsinstitute auf dem Gebiet der Erdölgeologie und bei der Einführung geophysikalischer Methoden der Erkundung. Er war Vizepräsident der Akademie der Wissenschaften der UdSSR, nahm an Internationalen Geologenkongressen und am Brüsseler Weltfriedenskongreß (1936) teil. Im Jahre 1932 erschien seine große Monographie „Die Lehre vom Erdöl".

Im Vorwort zur ersten Ausgabe seines Buches schrieb GUBKIN, daß er einen Versuch gemacht habe, an die Frage der Erdölentstehung und der Bildung von Öllagerstätten vom Standpunkt des dialektischen Materialismus aus heranzugehen. Die Bildung von Erdöllagerstätten teilt GUBKIN in das Stadium der Erdölbildung und das der Akkumulation ein.

In seiner Arbeit gab GUBKIN eine ausführliche Klassifikation von Erdölfeldern, die zu seiner Zeit die beste war. Er stellte eine Theorie der Erdölbildung auf, die bis jetzt noch in den meisten Punkten den modernen Theorien entspricht. Ferner wies er nach, daß der Prozeß der Erdölentstehung und die Bildung von Lagerstätten keine außergewöhnliche geologische Erscheinung ist, die in geologischer Vorzeit einmal auftrat, sondern daß es ein Prozeß ist, der bei bestimmten paläogeologischen und paläogeochemischen Bedingungen immer wieder vor sich ging. Es gibt Öl und Öllagerstätten verschiedenen Alters, angefangen vom Kambrium bis zur Gegenwart. Nicht einzelne Ansammlungen organischen Materials, die zufällig sind, sondern regionale Prozesse führen zur Entstehung des Erdöls. Alle seine Theorien und Ausführungen belegt GUBKIN durch ein reiches Tatsachenmaterial, das er bei seiner umfangreichen praktischen Tätigkeit sammeln konnte. Er entwickelte seine Thesen aus der Praxis für die Praxis.

GUBKIN vertrat immer wieder die Ansicht, daß „die richtige Lösung der Frage nach der Entstehung des Erdöls in der Natur für uns nicht nur ein wissenschaftlich-theoretisches Interesse, sondern vor allem eine erstrangige praktische Bedeutung hat. Nur dann, wenn wir eine richtige Vorstellung von den Prozessen haben, als deren Resultat Erdöl entsteht, können wir wissen, wie sich seine Lagerstätten bilden, können wir erfahren, welche strukturellen Formen und welche lithologischen Besonderheiten besonders günstig für die Erdölakkumulation sind und erhalten aus der Gesamtheit dieser Dinge sichere Hinweise dafür, wo Erdöl zu suchen und wie seine Erkundung am günstigsten zu organisieren ist."[1])

GUBKIN bewies eindeutig die Überlegenheit seiner auf dem dialektischen Materialismus fußenden Anschauungen im Kampf mit idealistischen Theorien. Er zerschlug z. B. theoretisch die Thesen KALIZKIs, der die Meinung vertrat, Erdöl würde nur an einzelnen Stellen zufälliger Ansammlung organischen Materials entstehen und an diesen Orten lagern. KALIZKI verneinte jegliche Migration, und er wehrte sich mit allen Mitteln gegen die Resultate der Arbeiten GUBKINs, welche das Wolga-Uralgebiet als höchst erdölhöffig ausschieden. Inzwischen wurden aber die Erdölfelder des Wolga-Uralgebietes zum glänzenden Beweis der richtigen, dialektischen Methode GUBKINs.

[1]) GUBKIN, I. M. „Die Lehre vom Erdöl" (russ.).

Prof. Dr. KURT PIETZSCH – 50. Doktorjubiläum

Im Jahre 1909 erschien in der Zeitschrift der Deutschen Geologischen Gesellschaft eine Arbeit mit dem Titel „Die geologischen Verhältnisse der Oberlausitz zwischen Görlitz, Weißenberg und Niesky". Es war die Dissertation von KURT PIETZSCH, der am 11. März 1959 im Zentrum der deutschen Montanwissenschaften, in der alten Bergstadt Freiberg, sein 50jähriges Doktorjubiläum begehen konnte. Zu Ehren ihres verdienten und langjährigen wissenschaftlichen Mitarbeiters veranstaltete die Staatliche Geologische Kommission der DDR am 12. März 1959 in Freiberg eine würdige Feierstunde. Mehr als 100 Geologen aus allen Teilen unserer Republik waren erschienen, um ihren ältesten und verdientesten Kollegen, Prof. Dr. KURT PIETZSCH, dem Hervorragenden Wissenschaftler des Volkes, dem Ehrensenator der Bergakademie Freiberg, dem Ehrenmitglied der Tschechoslowakischen Gesellschaft für Mineralogie und Geologie, dem Mitglied der Sektion für Bergbau in der Klasse für Bergbau, Hüttenwesen und Montangeologie der Deutschen Akademie der Wissenschaften, dem Träger der Serge-von-Bubnoff-Medaille der Geologischen Gesellschaft in der DDR, dem Mitglied des Wissenschaftlichen Rates der Staatlichen Geologischen Kommission und dem Chefredakteur der Zeitschrift „Geologie" zu ehren. Neben den Vertretern der Staatlichen Geologischen Kommission, des Zentralen Geologischen Dienstes, der Geologischen Dienste, des VEB Erdöl und Erdgas, des VEB Geophysik und des Institutes für angewandte Mineralogie Dresden, nahmen an der Feierlichkeit der Rektor der Universität Greifswald und Vorsitzende der Geologischen Gesellschaft in der DDR, Magnifizenz Prof. Dr. WEHRLI, der Stellv. Generaldirektor der SDAG Wismut, KRIMTSCHUKOW, der Dekan der Fakultät für Naturwissenschaften der Bergakademie Freiberg, Prof. Dr. KNESCHKE und der Ordinarius für Mineralogie an der Bergakademie Freiberg, Prof. Dr. OELSNER, teil. Außerdem waren erschienen die Vertreter der SED-Kreisleitung Freiberg und des Rates der Stadt Freiberg.

Nachdem der Satz der Sonate für Violine und Klavier, Opus 12, von Ludwig van Beethoven verklungen war, ergriff der Leiter der Staatlichen Geologischen Kommission, Dipl.-Bergingenieur-Geologe STAMMBERGER, das Wort zu seiner Festansprache. Er würdigte ausführlich und umfassend das Leben und Schaffen dieses seit langem mit der Arbeit der Staatlichen Geologischen Kommission verbundenen hervorragenden Gelehrten und überbrachte dem Jubilar die Glückwünsche der Leitung der Staatlichen Geologischen Kommission und ihrer Institutionen und Betriebe.

Prof. Dr. KURT PIETZSCH ist der beste Kenner der Geologie Sachsens und der letzte lebende Geologe, der die großen Traditionen der sächsischen geologischen Schule aus eigener Erfahrung kennt und an ihren Erfolgen maßgeblich beteiligt ist. Unter seinen zahlreichen fast alle Teilgebiete der Geologie umfassenden Veröffentlichungen kennzeichnen regionale Untersuchungen zur Stratigraphie und Tektonik, Probleme der Braunkohlenlagerstätten sowie der Ingenieur- und Hydrogeologie die Schwerpunkte seiner Tätigkeit. Aber

auch als Hochschullehrer wirkte Prof. Dr. PIETZSCH seit 1932 erfolgreich an der Universität Leipzig und noch heute an der Bergakademie Freiberg. Generationen von Geologen sind durch seine Schule gegangen und viele reife und durch langjährige praktische Tätigkeit erfahrene Geologen in beiden Teilen Deutschlands erkennen mit Dankbarkeit den bestimmenden Einfluß Kurt PIETZSCHs auf ihre wissenschaftliche Entwicklung an. Der geologischen Autorität und der Seniorstellung Prof. Dr. PIETZSCHs unter den wissenschaftlichen Mitarbeitern des Zentralen Geologischen Dienstes Rechnung tragend, ernannte ihn der Leiter der Staatlichen Geologischen Kommission an seinem Ehrentage zum Senior-Geologen der Staatlichen Geologischen Kommission. Gleichzeitig stiftete die Staatliche Geologische Kommission einen innerbetrieblichen KURT-PIETZSCH-Preis, der jährlich am 11. März für praxisbezogene Arbeiten an Mitarbeiter des Zentralen Geologischen Dienstes verliehen wird.

Mit großem Beifall wurden von den Teilnehmern der Feierlichkeit die Glückwunschschreiben des Ministerpräsidenten der DDR, OTTO GROTEWOHL, und des Leiters der Abteilung Grundstoffindustrie der Staatlichen Plankommission, Minister STEINWAND, aufgenommen. Der Vorsitzende der Geologischen Gesellschaft in der DDR, Magnifizenz Prof. Dr. WEHRLI, überreichte Prof. Dr. PIETZSCH als erstem Geologen die Serge-von-Bubnoff-Medaille.

Prof. Dr. PIETZSCH dankte in seiner bescheidenen Art als Mensch und Wissenschaftler für die ihm erwiesenen Ehrungen und brachte einen Trinkspruch auf das Wohl der Staatlichen Geologischen Kommission und auf das Wohl unseres Staates aus. Mit der Sonate für Violine und Klavier, Opus 24, von Ludwig van Beethoven ging die Feierstunde zu Ende.

Diskussionsbeiträge zum Begriff „Petrochemie“

MICHAEL FLEISCHER & EARL INGERSON, Washington

Wir verfolgten die Diskussion der Doppelbedeutung des Begriffes „Petrochemie“ in Ihrer „Zeitschrift für angewandte Geologie“, Bd. 4, Heft 7/1958, S. 344ff. Verfasser haben bereits vor einiger Zeit gegen den Mißbrauch dieses Wortes (Ihre Definition 1) protestiert, jedoch bisher ohne Erfolg.

Wir würden es sehr bedauern, wenn die Geologen Ihrer Empfehlung folgen und einen bisher sehr nützlichen korrekten Ausdruck zugunsten eines ethymologischen Monstrums aufgeben würden.

Nachfolgend finden sich eine Anzahl von Argumenten gegen diesen unakzeptablen Ausdruck, welche wir bereits vor Jahren vorbereiteten.

Gründe für das Fallenlassen der Begriffe „petrochemistry“ (Petrochemie) und „petrochemical“ (petrochemisch) zugunsten von „petroleum chemistry“ (Petroleum-Chemie)

1. Der Gebrauch des Begriffes „petrochemistry“ (Petrochemie) im Sinne von „chemistry of petroleum“ (Chemie der Erdölprodukte) ist ethymologisch unkorrekt. Er hat die Bedeutung von „rock chemistry“ (Gesteinschemie).

2. Der unkorrekte Ausdruck Petrochemie im Sinne von „Gesteinschemie“ sollte unbedingt dem obigen unkorrekten Ausdruck vorgezogen werden. Nach den gründlichen Untersuchungen von CHARLOTTE SCHALER von der Sinclair Refining Company, über welche sie auf einer Zusammenkunft der A. C. S. im April 1942 berichtete, wurde der obige unkorrekte Ausdruck zumindest schon seit April 1942 gebraucht. Er geht aber bereits auf einen 1912 von A. OSANN erschienenen Artikel über die „Petrochemie der Eruptivgesteine“, Handwörterbuch der Naturwissenschaften, S. 596 bis 605, zurück.

3. Der korrekte Ausdruck ist ständig im Gebrauch (s. den folgenden Anhang). Der stetige Gebrauch desselben Begriffes für „Gesteinschemie“ und „Petroleum-Chemie“ muß zu Verwirrungen führen. Ein gutes Beispiel gäbe die Umwandlung eines in „Chemical Abstracts“ kürzlich erschienenen Beitrages „Petrochemische Studien an alkalischen Gesteinen“ (korrekter Ausdruck) in „Petroleum-chemische Studien“ . . .

4. Die unkorrekte Bezeichnung ist üblich in den USA, Kanada und England. SCHALERs eingehende Bibliographie bringt nur ein Beispiel für den Gebrauch der unkorrekten Bezeichnung aus anderen Ländern (aus einer französischen Zeitschrift). Im Gegensatz hierzu ist die korrekte Bezeichnung in der ganzen Welt im ständigen Gebrauch, wie die Beispiele des Anhangs zeigen.

5. Die korrekte Bezeichnung wird in wissenschaftlichen Zeitschriften benutzt; die unkorrekte Bezeichnung wird ausgiebig im täglichen Gebrauch, aber selten in wissenschaftlichen Veröffentlichungen benutzt.

6. Geochemiker, Geologen und Mineralogen haben sich energisch gegen den Mißbrauch des einwandfreien Begriffes ausgesprochen. Wenn die Amerikanische Chemische Gesellschaft wünscht, daß in anderen Wissenschaftszweigen ihre chemische Nomenklatur gewahrt bleibt, muß sie auch ihre Gesichtspunkte für ihre eigene Wissenschaft respektieren. In der Vergangenheit fand eine gute Zusammenarbeit zwischen den Geologen und Mineralogen statt, z. B. bei der allgemeinen Einführung der Begriffe Schwefel und Niobium.

7. Das einzige Argument, das für die Beibehaltung des Ausdrucks Petrochemie als „chemistry of petroleum products“ (Chemie der Erdölprodukte) spricht, ist die Tatsache, daß es sich bereits zu sehr eingebürgert hat, um abgeschafft zu werden. Wir glauben, daß dies ein sehr schwaches Argument ist; ist der Begriff schlecht, so soll man ihn aufgeben. Wir glauben, daß unsere Feststellung, daß der gegenwärtige Gebrauch des Wortes bedauernswert ist und daß unsere Forderung, daß die Amerikanische Chemische Gesellschaft seine Verwendung aufgibt, einen großen Erfolg haben und möglicherweise zum Verschwinden des unkorrekten Gebrauchs des Wortes Petrochemie führen wird.

Beispiele für den korrekten Gebrauch des Begriffes „Petrochemie“

Österreich: GUSTAV HIESSLEITNER: „Serpentin- und Chromerzgeologie der Balkan-Halbinsel.“ Jahrb. Geol. Bundesanstalt (Österreich), Sonderband 1, Kap. 2, S. 325 (1952) spricht von „petrochemischen Eigenschaften“.

Belgien: Das Buch „Tableau de Petrographie“ (1951) von M. E. DENAEYER von der Universität Brüssel hat ein Kapitel, das „Méthodes du calcul pétrochimique“ betitelt ist.

Finnland: AHTI SIMONEN: Die Petrochemie der kristallinen Gesteine des Svecofinnischen Gebietes von Südwest-Finnland. Bull. comm. geol. Finlande, no. 141, 18 pp. (1948).

Frankreich: ROBERT MICHEL: „Contribution a l'étude pétrographique des peperites et du volcanisme tertiaire de la Grande Limaigne.“ Mém. soc. hist. nat. Auvergne No. 5, 138 pp. (1953). Pt. II (pp. 117—134) behandelt „Pétrochimie du volcanisme tertiaire“.

Deutschland: H. JUNG (Univ. Halle): „Zur Petrochemie des phyllitischen Tonschiefers aus dem Untersilur Ostthüringens“ in Hallesches Jahrbuch für mitteldeutsche Erdgeschichte, 1, 86—88 (1951).

Großbritannien:
S. I. TOMKEIEFF (Univ. Durham). „Petrochemistry of the Scottish Carboniferous-Permian igneous rocks.“ Bull. volcanol. Ser 2, T. 1, 59—87 (1937).
D. S. BUIST (Geol. Survey Gt. Britain): „A contribution to the petrochemistry and petrogenesis of the composite sill of South Bute“ in Trans. Geol. Soc. Edinburgh 15, 52—68 (1952).
E. M. PATTERSON (Univ. St. Andrews): „A petrochemical study of the Tertiary lavas of northeast Ireland.“ Geochim. et Cosmochim. Acta 2, 283—299 (1952).

Ungarn:
S. SZENTPETERY (Univ. Szeged): „Magmatischer Werdegang und Petrochemie der Gesteine der Grabbroidmasse vom Bükkgebirge in Ungarn.“ Chem. der Erde 7, 351—382 (1932).
AUREL LIFFA: „Geology and petrography of the Tèlikbanya region“ (in ungarisch). Magyar Allami Földt. Intezet, Evkonyve 41, No. 3, 1—78 (1953). In der französischen Zusammenfassung heißt ein Absatz (S. 69) „Données pétrochimiques“; gleicherweise in der russischen Zusammenfassung (S. 77) „Petrokhimicheske dann' ye“.

Indien: BISWANATH MITRA: „Some aspects of the petrology of the Rajmahal traps.“ Quart. J. Geol., Mining, Met. Soc. India 26, 75—83 (1953). S. 76 ist ein Abschnitt über „Petrochemical nature of the traps“.

Irland: E. M. PATTERSON. „Petrochemical data for some acid intrusive rocks from the Mourne Mts. and Slieve Gullion.“ Proc. Royal Irish Acad. 55, Sec. B, No. 8, 171—188 (1953).

Japan:
YOSHIO KATSUI (Univ. Hokkaido): „Petrochemical study on the lavas from Volcano Rishiri“, J. Fac. Sci. Hokkaido Univ., Ser. IV, 8, 245—258, (1953).
KENZO YAGI (Univ. Tohoku): „Petrochemical studies on

the alkalic rocks of the Morotu district, Sakhalin". Bull. Geol. Soc. Am. 64, 769—810 (1953).

Niederlande: ERNST NIGGLI (Univ. Leiden): In dem Beitrag in Leidse Geol. Meded. 17, pp. 220, 228 (1952) referiert über Analysen, die in dem „Petrochemischen Laboratorium des Geol.-Mineral. Institutes" gemacht wurden: J. WESTERVELT (Univ. Amsterdam): „Quaternary volcanism on Sumatra", Bull. Geol. Soc. Am. 63; 561—594 (1952) hat 2 Kapitel betitelt „Petrochemistry of Sumatran effusiva" (pp. 580—583) und „Development and petrochemistry of the Krakatau group" (pp. 583 bis 593).

Norwegen: T. F. W. BARTH (Univ. Oslo) hat in seinem Buch „Theoretical Petrology", JOHN WILEY and Sons, New York 1952, ein Kapitel „Petrochemical calculations and classifications".

Portugal: J. A. N. BRAK-LAMY (Univ. Lissabon): „Primeira contribuçao petroquimica relativo as complexo eruptivo de Sines". Comum. serv. geol. Portugal 32, 132 bis 144 (1951).

Spanien: E. IBAROLLA and J. M. FUSTER: „Rocks of central Spain" in Estud. geol. inst. LUCAS MALLADA 6, 178—189 (1950) hat einen Abschnitt „Estudio petroquimica".

Schweiz: H. HUTTENLOCHER and TH. HÜGI (Univ. Bern): „Das Meteorit von Utzendstorf: Eine petrologische und petrochemische Studie", Mitt. naturforsch. Ges. Bern 9, 67—128 (1952).

USA: H. R. GAULT (Lehigh Univ.): „Studies of carbonate rocks. I. Petrochemical diagrams for describing carbonate rocks", Proc. Penna. Acad. Sci. 24, 95—103 (1951). Bringt gleichzeitig 3 andere Zitate von Autoren aus anderen Ländern, die in den USA veröffentlicht wurden.

UdSSR:

A. N. SAWARIZKI: „Einführung in die Petrochemie der Eruptivgesteine". Es ist dies ein Standard-Handbuch von 321 Seiten, 1944 von der Akademie der Wissenschaften der UdSSR herausgegeben. 2. Aufl. Russ. 1950, 359 S. Dtsch. Übers: Berlin, Akademie-Verlag 1954.

P. I. LEBEDEW: „Petrochemical characteristics of the granite of the northern region of the Altai." Compt rend. acad. sci. U. R. S. S. 49, 357—358 (1945).

6. Sept. 1954

*

Es ist erfreulich, daß sich an unserer Diskussion Mineralogen und Geochemiker beteiligten, ihren Standpunkt klar dargelegt und ihren mineralogischen Begriff Petrochemie tatkräftig verteidigt haben. Demgegenüber ist bedauerlich, daß keine neuen Vorschläge von seiten der Erdölchemiker vorliegen; denn zweifellos ist die Bezeichnung „Petrochemie" = Zweig der chemischen Industrie — bisher nicht deutlich definiert.

Den Mineralogen kann man den Vorwurf nicht ersparen, daß sie mit ihren Protesten zu spät gekommen sind, wenn sie den Begriff „Petrochemie" = Gesteinschemie weiter für sich allein behalten wollen. Es ist leider so, wie es die Kollegen Dr. E. INGERSON und M. FLEISCHER schildern, daß sich das Wort Petrochemie als ein wenig klarer chemischer Begriff bereits so eingebürgert hat, daß er nicht ohne weiteres abgeschafft werden kann.

Das ausschlaggebend Neue an dem „petrochemischen" Industriezweig ist doch wohl, daß er als Basis vorwiegend gasförmige Ausgangsstoffe benutzt. Erdgase, Erdölgase, Raffineriegase und Kokereigase sind seine ausschlaggebenden Rohstoffe. Deshalb könnte man in der Erdölindustrie wohl besser von Gas„chemie" als von „Petrochemie" sprechen.

Der Begriff „Erdölchemie" deckt sich nicht mit dem Begriff „Petrochemie", da auch Benzin, Petroleum, Gasöl, Masut usw. durch Destillation aus Rohölen gewonnen werden und als Mineralöle nicht zu den „petrochemischen" Produkten gerechnet werden. Andererseits können aber „petrochemische" Erzeugnisse auch auf der Basis von Gasen hergestellt werden, die bei der Verarbeitung von Kohlen oder Teeren anfallen.

Ganz schlecht ist der Ausdruck „Petrolchemie", da er zumindest in der deutschen Sprache, wo Petroleum = Leuchtöl ein Destillat von Rohöl ist, überhaupt nichts aussagt.

Soweit ich übersehen kann, hat sich die unklare Bezeichnung „Petrochemie" bereits so sehr ausgebreitet, daß man ihre weitere Verwendung im Sinne von Gaschemie nur überwinden kann, wenn man sie durch eine schlagkräftige Wortbildung, die einen klaren Begriff deutlich definiert, ersetzt.

Wir rechnen hierbei auf die Initiative der Erdölchemiker und hoffen, in unserer Zeitschrift recht bald über die Überwindung der mit Recht angegriffenen unklaren Wortbildung „Petrochemie" = chemischer Industriezweig — berichten zu können. So lange dies nicht der Fall ist, wird man wohl oder übel die Bezeichnung „Petrochemie" in der bisher üblichen Bedeutung weiter anwenden müssen.

ERICH LANGE, Berlin

Lesesteine

Tödliches Sahara-Öl

Wir entnehmen der „Bonner Rundschau" vom 15. 11. 1958, daß der Elsässer KONRAD KILIAN bereits im Jahre 1936 festgestellt hatte, daß es in der algerischen Sahara Erdöl gäbe. Konzernhörige Geologen hatten übereinstimmend erklärt, daß es in dem Sandgebiet der algerischen Sahara kein Erdöl geben könne und daß KONRAD KILIAN wahnsinnig sein müsse. Nachdem er einer Vergiftung durch aufgehetzte Eingeborene mit Mühe und Not entgangen war, reichte er 1949 der „Pariser Akademie der Wissenschaften" ein ausführliches Exposé über seine geologischen Beobachtungen in der algerischen Sahara ein. Seine Eingabe erhielt die Aktennummer 12494. Angeblich wurde sie nicht einmal geöffnet, geschweige denn gelesen. Deshalb erhängte sich KONRAD KILIAN am 29. April 1950.

2 Jahre darauf förderten französische Kapitalisten an einer von KILIAN angegebenen Stelle den ersten Liter Sahara-Erdöl. Um allem die Krone aufzusetzen, wurde KILIAN darauf ein Platz in der Akademie der Wissenschaften in Paris eingeräumt.

So endete eine Tragödie, die einen Forscher, der der Wissenschaft dienen wollte, das Leben kostete, aber die Taschen der Milliardäre füllte.

c.

Transport in Pipelines billiger als mit der Eisenbahn

Prof. LAMBERT von der Technischen Hochschule Stuttgart hat berechnet, daß die Selbstkosten einer Erdölfernleitung, die etwa derjenigen von Wilhelmshaven nach Köln entspricht, bei einem Durchsatz von jährlich 5 Mio t und einem Ausnutzungsgrad von 85% je t/km 1,2 Pf betragen. Die Kosten ermäßigen sich bei einer Beförderungsleistung von jährlich 10 Mio t auf 0,75 Pf. Bei Schifftransport betragen sie je t/km 2,6 Pf und beim Eisenbahntransport 3,02 Pf.

Die Baukosten für die Erdölfernleitung Wilhelmshaven—Köln, die eine Entfernung von rd. 390 km überbrücke und die einen Durchmesser von 70 cm habe, machten im Bereich der ersten Ausbaustufe, in der an einen Durchsatz von 5,2 Mio t jährlich gedacht sei, 420000 DM je Kilometer aus. Dieser Betrag erhöhe sich in der zweiten Ausbaustufe mit einem Durchsatz von 10,4 Mio t auf 430000 DM und in dem Endausbau mit einem Durchsatz von jährlich 17,5 Mio t auf 450000 DM. — Die Fördergeschwindigkeit des Öls betrage in der ersten Ausbaustufe 0,6 m je Sekunde, in der zweiten Ausbaustufe 1,2 m; sie steige in der Endstufe auf 2 m je Zeiteinheit an. Der Energiebedarf für den Betrieb dieser Leitung wachse von 6 Mio kWh jährlich in der ersten Stufe auf 50 Mio kWh in der zweiten Stufe an und nehme bei der Erreichung des Endausbaues auf jährlich 212 Mio kWh zu.

E.

Zeitschrift für angewandte Geologie (1959) Heft 4

Besprechungen und Referate

40 Jahre Sowjetmacht in Zahlen

VEB Deutscher Zentralverlag Berlin 1958, 1. Auflage

Dieses von einem Kollektiv der Statistischen Zentralverwaltung der UdSSR zusammengestellte Sammelwerk enthält Daten über die Entwicklung der Industrie, des Bauwesens, der Landwirtschaft, des Verkehrswesens sowie über das Wachstum des materiellen und kulturellen Lebensstandards des Sowjetvolkes. 32 Diagramme verdeutlichen diese Angaben. Bei einigen sehr wichtigen Fragen werden die Entwicklungsziffern der Wirtschaft und Kultur der UdSSR den entsprechenden Daten kapitalistischer Länder gegenübergestellt. Verschiedene Tabellen des Sammelbandes sind mit einem kurzen erläuternden Text versehen. Weiterhin kann man auch wichtige Angaben über die Wirtschaftszweige der Unionsrepubliken finden. Aus dem vorliegenden Werk ist zu ersehen, welch grandiosen Aufschwung die geologischen Erkundungsarbeiten seit Bestehen der Sowjetmacht nahmen. Bereits im Bürgerkrieg wurde auf Weisung W. I. Lenins mit den auf die Kursker Magnetanomalie sich erstreckenden Prospektionsarbeiten begonnen. Obwohl die Produktion eigener Bohrgeräte erst Ende des ersten Fünfjahrplanes aufgenommen wurde, verfügte der geologische Dienst der UdSSR Anfang 1957 über rd. 12000 Bohrgeräte. Hierbei sind Bohrmaschinen, Turbinenbohrer und Elektrobohrer, die in der Erdöl-, Gas- und chemischen Industrie eingesetzt sind, nicht eingerechnet. Der bedeutsame Aufschwung der geologischen Erkundungsarbeiten unter der Sowjetmacht war möglich, weil hierzu große Mittel zur Verfügung gestellt, die auf dem Gebiet der Geophysik und Geochemie erzielten Ergebnisse genutzt und die Zahl der Kader erhöht wurden. Das vorliegende Buch vermittelt dem Leser ein klares und leicht verständliches Bild von der erfolgreichen Entwicklung des Sowjetlandes und zeugt von der Überlegenheit der sozialistischen Gesellschaftsordnung. Ds.

GLUSCHKO, W. W., I. F. KLITOSCHENKO & S. P. MAKSIMOW

Relative Bewertung der Perspektiven der Erdöl- und Gasführung der Ukrainischen SSR

ALEKSEJEW, G. I., A. S. DUBININ & W. A. LOBOW

Erdöl- und Erdgasakkumulationszonen im mittleren Wolga- und Trans-Wolgagebiet

Beiheft zu Nr. 7/1958 der Zeitschrift „Geologia Nefti"

Die Bewertung der Ölhöffigkeit der Ukraine wird für einzelne tektonische Zonen vorgenommen, die sich sowohl im Bau als auch in ihrer Geschichte unterscheiden (Abb. 2, S. 184).

Im zentralen Teil der Dnjepr-Donez-Senke befindet sich ein stark abgesunkenes Gebiet, der Dnjepr-Graben. Hier und in den nordwestlichen Randgebieten des Donez-Bassins ist eine Vielzahl von Öllagerstätten, die sich in Sandsteinen von Trias, Karbon und Devon befinden und von Gaslagerstätten, die sich im Sandstein von Jura, Trias und Karbon und im Anhydrit des Perms befinden.

Das gefaltete Gebiet der Karpaten teilt sich auf dem Territorium der Ukraine in 4 Zonen (Rachowsko-Penninski, Magury, Krosno und Skibowy). Von diesen 4 Zonen ist die Krosno-Zone die in erdölgeologischer Hinsicht interessanteste. Ölführend sind hier die Kreide- und Menelithablagerungen. Der zentrale Teil der Skibowy-Zone ist auch als perspektiv anzusehen.

Die Karpatenvorsenke wird von den meisten Geologen als sehr perspektiv angesehen. Hier befinden sich die bekannten Gasfelder Daschawa und Ugersko und das Ölfeld Borislaw.

Südwestlich des gefalteten Gebietes der Karpaten befindet sich die Transkarpatische Senke, eine Innensenke. Hier wurden bisher 13 Strukturen nachgewiesen, die für Sucharbeiten auf Öl und Gas perspektiv sind.

Westlich des Ukrainischen Schildes befindet sich der Lwower Paläozoische Trog. Hier sind die Erdöl- und Gasperspektiven an das Paläozoikum gebunden, das durch seine Lithologie und seine faziellen Merkmale stark an das Paläozoikum in den Ostgebieten der Russischen Tafel erinnert, welches sich bekanntlich durch seine regionale Öl- und Gasführung auszeichnet. (Genaue Einzelheiten über die Tektonik und die Perspektiven einer Erkundung von Erdöl- und Gaslagerstätten im Lwower Trog werden in dem Artikel „Tektonik des Lwower Trogs" von G. Ch. Dikenstein im gleichen Beiheft dargelegt.)

[1] russ. Причерноморская впадина

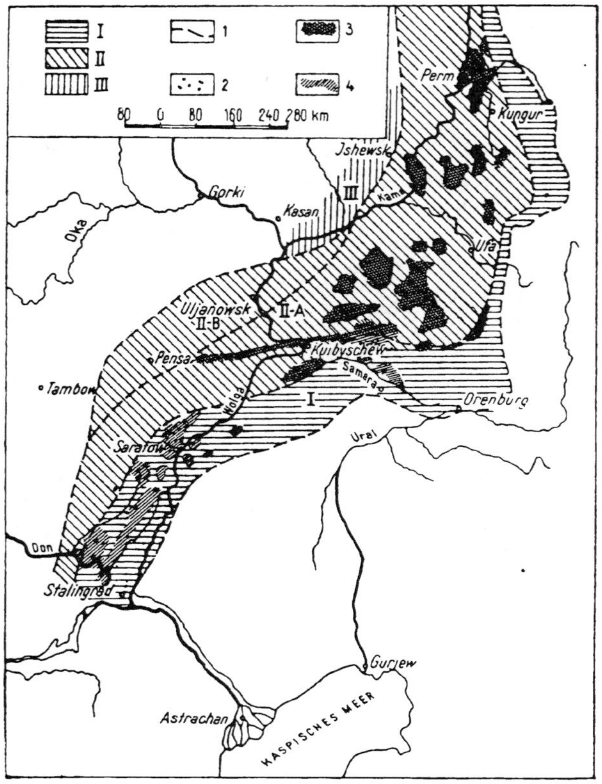

Abb. 1. Regionales Schema der Erdölhöffigkeit der östlichen und südöstlichen Gebiete der Russischen Tafel (von W. A. LOBOW)

I — Erdöl- und erdgasführende Zone, II-A — Industriellerdölführende Zone, II-B — Erdölhöffiges Gebiet, III — Perspektivlose Zone, 1 — Zonengrenzen, 2 — Erdöl- und Erdgaslagerstätten, 3 — Ölführende Gebiete, 4 — Öl- und gasführende Gebiete

Das nächste tektonische Gebiet, das in diesem Artikel behandelt wird, ist die „Pri"-Schwarzmeersenke[1]) und die Krim. Hier haben die Gesteine des Mesozoikums und des Känozoikums gewisse Perspektiven.

Auf der Grundlage der neuen Fakten über den geologischen Bau und die Ölführung dieser Territorien, geben die Autoren grundlegende Hinweise für die Erkundungsarbeiten in den nächsten 7 Jahren (1958—1965), in denen die Förderung von Erdöl in der Ukraine um das 7—8 fache und die von Erdgas um das 6—7 fache erhöht werden soll. Dabei halten sie die Erkundungs- und Sucharbeiten in der Dnjepr-Donez-Senke und im Randgebiet des Donez-Bassins für die erstrangigste Aufgabe. Die zweite grundlegende Aufgabe wäre die Erkundung in der Karpatenvorsenke. Alle anderen Gebiete haben nur zweitrangige Bedeutung für die Erfüllung der genannten Aufgaben.

Der zweite Artikel, der sich mit den Perspektiven des südlichen Teils des Wolga/Uralgebietes beschäftigt, fußt im wesentlichen auf der Einteilung des gesamten Gebietes in drei Zonen verschiedener Erdölakkumulation, die sich durch verschiedene Perspektiven auszeichnen (Abb. 1).

Zone I wird durch die Verbreitung von Erdöl- und Gaslagerstätten auf dem Territorium des Saratower und des Stalingrader Gebietes im Karbon und Devon charakterisiert (Sokolowaja Gora, Shirnoe, Artscheda u. a.). Der nördliche Teil dieser Zone ist noch wenig bekannt. Aller Wahrscheinlichkeit nach sind hier Devon, Karbon und Perm erdölhöffig.

Zone II wird durch die Verbreitung von ölführendem Devon, Karbon und Perm gekennzeichnet. Das ist eine sehr perspektive Zone, und hier erwartet man in der nächsten Zeit neue Erdöllagerstätten zu finden.

In der Zone III ist die industrielle Erdöl- und Gasführung des Paläozoikums nicht nachgewiesen. Diese Zone wird als wenig perspektiv bezeichnet. N. WEGERT

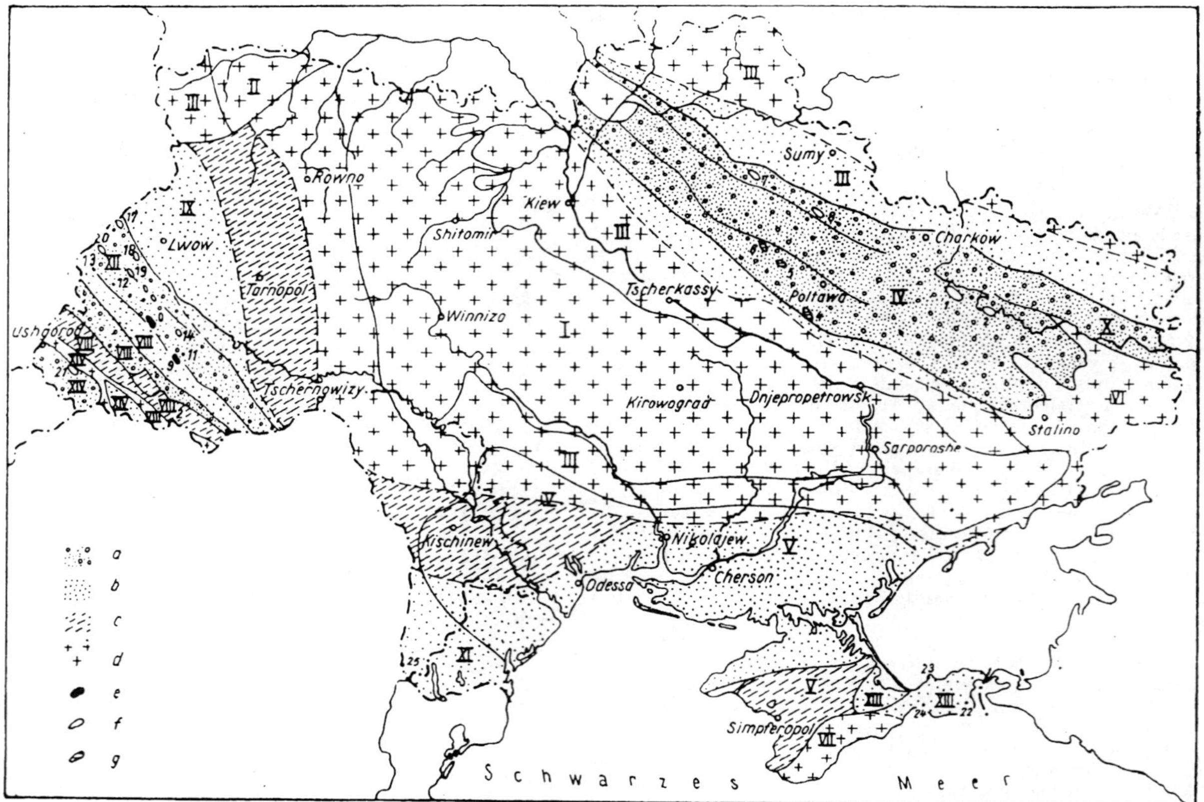

Abb. 2. Übersichtskarte zu den Perspektiven der Öl- und Gasführung der USSR (von W. W. GLUSCHKO, I. F. KLITOSCHENKO, S. P. MAKSIMOW)

a – sehr perspektiv, b – perspektiv, c – wenig perspektiv, d – ohne Perspektiven, e – Erdölfelder, f – Erdgasfelder, g – Erdöl-Erdgasfelder, I – Ukrainischer Schild, II – Bjelorussischer Schild, III – Flanken der Schilde IV – Dnjepr-Graben, V – „Pri"-Schwarzmeersenke, VI – Gefaltetes Donezgebiet, VII – Gefaltetes Krimgebiet, VIII – Gefaltete Karpaten (VIII_1 – Rachowsko-Peninski-Zone, VIII_2 – Magury-Zone, VIII_3 – Krosnozone, VIII_4 – Skibowy-Zone), IX – Lwower Paläozoischer Trog, X – Donezvorsenke, XI – Dobrudschavorsenke, XII – Karpatenvorsenke, XIII – Indoltrog und Falten der Halbinsel zu Kertsch, XIV – Transkarpatensenke

1 – Schebelinka, 2 – Spiwakowka, 3 – Michailowka, 4 – Satschepilowskoje, 5 – Sagaidagskoje, 6 – Radtschenkowo, 7 – Romny, 8 – Katschanowskoje, 9 – Bytkowo, 10 – Dolina, 11 – Borislaw, 12 – Nagujewitschi, 13 – Strelbitschi, 14 – Grabowskoje, 15 – Daschawa, 16 – Ugersko, 17 – Swidnizkoje, 18 – Rudkowskoje, 19 – Opara, 20 – Chadnowitschi, 21 – Salushsk, 22 – Priosjornoje, 23 – Mysowoje, 24 – Priasowskoje, 25 – Walenskoje

LOBOW, W. A., G. I. ALEKSEJEW, M. I. SAIDELSON

Perspektiven der Erdöl- und Erdgasführung des Paläozoikums im Kuibyschewer, Orenburger und Uljanowsker Gebiet

ROSANOW, L. N., G. I. OWANESOW

Perspektiven der Erdöl- und Gasführung des Paläozoikums Baschkiriens

„Geologia Nefti", Nr. 5/1958

Die Sowjetunion ist in den letzten Jahren in die Reihe der führenden Erdölproduzenten der Welt gerückt; in der SU selber steht das Wolga/Uralgebiet mit 70% der Erdölförderung und 80% der Vorräte weitaus an führender Stelle. Aus diesem Grunde dürften die obengenannten Artikel für erdölgeologisch Interessierte von Bedeutung sein.

In den Gebieten Kuibyschew, Orenburg und Uljanowsk befinden sich Erdöl- und Gaslagerstätten in 17 Horizonten des stratigraphischen Profils. Erdöl lagert in den Sedimenten der Baschkirischen Stufe (Mittelkarbon), des Wereja-Horizontes (Moskau-Stufe, Mittelkarbon), der Kungur-Stufe (Unterperm), und im Osten auch in denen der Kalmykowski-Folge (Kasan-Stufe, Oberperm). In der letzten Zeit hat auch das Devon einige Bedeutung erlangt (Givet- und Frasne-Stufe).

Wie die Autoren feststellen, sind die hauptsächlichsten Lagerstätten des Devons an die nördlichen und nordöstlichen Teile der Shiguli-Pugatschow-Aufwölbung und deren abgesunkenen Teil, die sogenannte Muchanowo-Schwelle, gebunden.

Die größten Perspektiven für erdölführendes Devon haben alte (devonische) Antiklinalen und deren Flanken, auch dann, wenn sie im gegenwärtigen Strukturbild eine viel tiefere Stellung einnehmen als jüngere (postdevonische).

Die unterkarbonischen Ablagerungen sind in erdölgeologischer Hinsicht im Bereich des Kama-Kinel-Troges am interessantesten (Abb. 1, S. 185). Im Zusammenhang mit der Verringerung der Mächtigkeit des terrigenen Unterkarbons auf die Ränder des Troges zu und auch in den benachbarten Gebieten, darf man entlang der Ränder des Troges Erdöllagerstätten lithologischen Typs erwarten (Lagerstätten, die an auskeilende Speichergesteine gebunden sind).

Im Mittelkarbon ist die Ölhöffigkeit geringer als im Unterkarbon. Hier wird sie im allgemeinen durch die Verbreitung des Wereja-Horizontes (Moskau-Stufe) bestimmt (Abb. 2, S. 185).

Das Unterperm ist nur in solchen Gegenden erdölhöffig, wo die produktiven Schichten nicht von der präufa und präpliozänen Abtragung ergriffen worden sind, und wo sie außerdem durch eine mächtige Lage von Sulfat-Karbonat-Gesteinen der Kasan-Stufe und der Tatarischen Stufe bedeckt sind. Die Perspektiven des Oberperms sind an die Ufa-Folge und die Kalinow-Folge gebunden. In den östlichen und südöstlichen Teilen des Kuibyschewer und Orenburger Gebietes sind die Ablagerungen des Perms ölhöffig.

Von den 177 bisher entdeckten Lagerstätten befinden sich 103 (58%) in Karbonatspeichergesteinen. Die meisten Lagerstätten befinden sich im Perm (ihren Vorräten nach stehen sie allerdings hinter denen des Karbons).

Für die Bestimmung der Perspektiven Baschkiriens sind die tektonischen Bedingungen und die Verbreitung der Speichergesteine sowohl vertikal als auch horizontal als grundlegende Kriterien anzusehen (Abb. 2, S. 185).

Die industrielle Erdölführung ist hier an terrigene und karbonatische Speichergesteine gebunden. Die wichtigsten ölführenden Horizonte sind die Sandsteinschichten des Devons und des Unterkarbons und die Karbonate der Famenne-Stufe, der Tournai-Stufe, des Wereja-Horizontes (Moskau-Stufe) und des Kaschira-Horizontes (Moskau-Stufe) und schließlich die klüftigen Kalke und die Riffe des Unterperms. Von den praedevonischen Ablagerungen sind die Sand- und

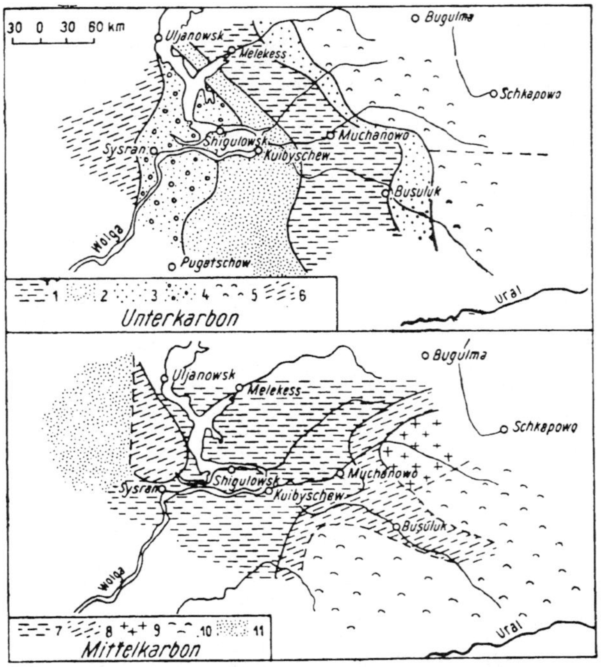

Abb. 1. Karten der Perspektiven des unteren und mittleren Karbons (von W. A. LOBOW, G. I. ALEKSEJEW, N. A. KOPROWA)

1 – sehr perspektiv, 2 – perspektiv, Terrigen und Karbonate, 3 – perspektiv, Terrigen und Karbonate, 4 – perspektives Terrigen, 5 – perspektiv, aber nicht genügend erforscht, 6 – wenig perspektiv, 7 – industriell- und perspektivölführend, 8 – wenig perspektiv, 9 – nicht perspektiv, 10 – perspektiv, aber nicht erkundet, 11 – ungeklärte Perspektiven

Im Unterkarbon sind die Sandsteine der Tournai-Stufe und der Visè-Stufe im Nordwesten Baschkiriens produktiv.

In Baschkirien sind die Karbonatspeichergesteine des Devons und Karbons noch wenig untersucht, und es ist möglich, daß bis jetzt noch nicht alle ölhöffigen Horizonte bekannt sind.

Wie aus Abb. 2 zu ersehen ist, nehmen die Perspektiven des Devons nach Osten ab. Ähnlich verhält es sich mit dem Karbon. Am interessantesten ist das Karbon Nordwestbaschkiriens.

Außer den aufgeführten gibt es noch eine Reihe von Lagerstätten, die an Riffe im Unterperm gebunden sind (Ischimbai u. a.). Letztere ziehen sich meridional entlang der Uralvorsenke. N. WEGERT

PRZEWOCKI, K.

Eine Methode der Prospektion von Erdöllagerstätten durch oberflächige Radioaktivitätsmessungen des Bodens

„Przeglad Geologiczny" (poln.), Nr. 3/1958, Seite 132–134

Das Erdölinstitut der Akademie der Wissenschaften der UdSSR beschäftigte sich mit der Methode der Prospektion von Erdöllagerstätten durch Radioaktivitätsmessungen des Bodens. Durch Messung der Strahlungsenergie des Bodens konnte festgestellt werden, daß die Anomalien auf dem Saume von Erdöl- und Erdgasspeichern durch Anwesenheit von Elementen der Uranreihe, vor allem des Urans und Radiums, verursacht werden. Hierbei übt das Milieu gewisser Gase einen Einfluß auf die Verringerung der Absorbtionsfähigkeit der Gesteine aus. Durch die Spektralanalyse wurde nachgewiesen, daß sich am Rande der Erdölspeicher neben radioaktiven Elementen auch andere Grundstoffe, wie Zr, Ca, Mn und Mo, je nach dem Speichertyp, anhäufen. Es muß angenommen werden, daß der gesuchte Effekt sich teufenmäßig bis zur Lagerstätte erstreckt und bei Annäherung an die Oberfläche geringer wird. Durch diese Ergebnisse drängt sich die Konzeption auf, wonach der Mechanismus der Entstehung radioaktiver Anomalien des Bodens durch Ionenaustausch und durch ihre Wanderung zur Oberfläche

Schluffsteinschichten der Oberbawly-Folge und teilweise auch der Unterbawly-Folge von Interesse. Ihre stratigraphische Stellung ist noch nicht geklärt, doch gehören sie wahrscheinlich zum Paläozoikum. Diese Ablagerungen sind in den südlichen Gebieten Baschkiriens besonders perspektiv (südlich von Schkapowo); dort sind die jüngsten Horizonte der Bawly-Folge anzutreffen ebenso wie im Raum von Koltasy und der Baschkirischen Aufwölbung; dort befinden sich große Erhebungen praedevonischer Schichten.

Im terrigenen Devon sind die Schichten D_I, D_{II}, D_{III} und D_{IV} ölführend. Die größte Bedeutung hat D_I. Sie gehören zu den Ardatow-Schichten (Givet-Stufe) und zu den Paschiski-Schichten (Obergivet und Unterfrasne). Die summare Mächtigkeit dieser Speichergesteine verringert sich von 40 m im Westen bis auf 0 m im Osten; in derselben Richtung verschlechtern sich die Speichereigenschaften.

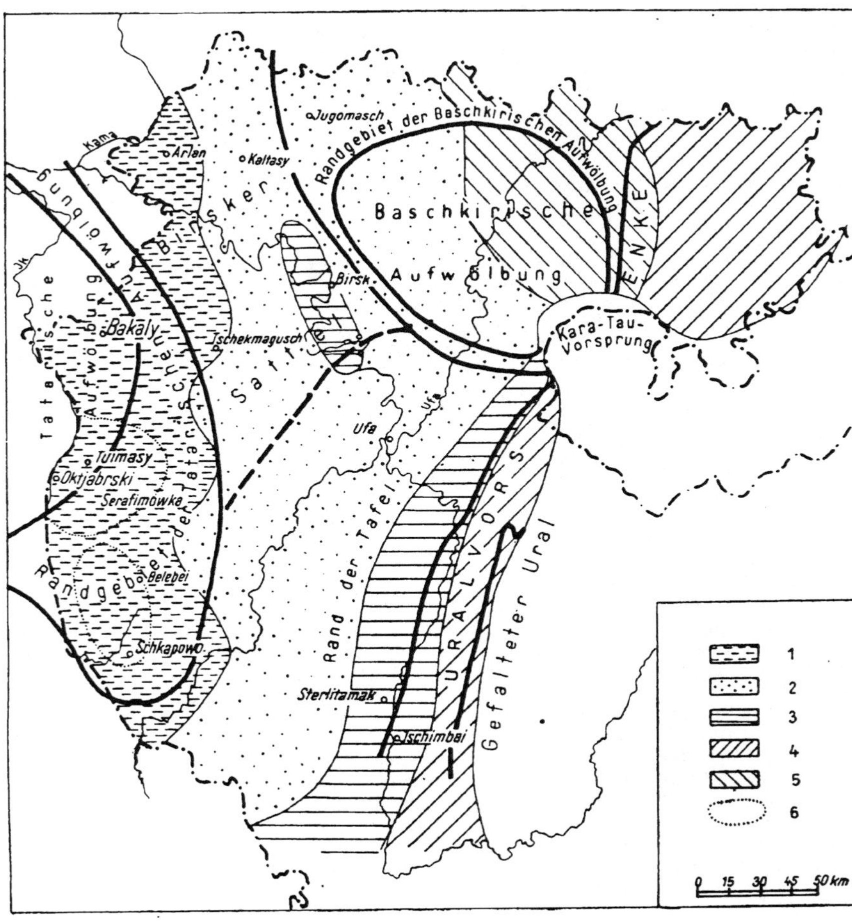

Abb. 2. Karte der Erdölperspektiven des Devons und tektonisches Schema Baschkiriens (von UFNII)

1 – sehr perspektiv, 2 – perspektiv, 3 – wenig perspektiv, 4 – unbekannte Perspektiven, 5 – unperspektiv, 6 – perspektiv für Karbonate des Devons

gedeutet wird. Augenblicklich herrscht in der SU in der Frage der Entstehung oberflächiger Anomalien die Meinung, daß die Kräfte, die die Ionenwanderung nach oben verursachen, sich aus der Konzentrationsdifferenz oder durch tellurische Strömungen ergeben.

Unabhängig vom Entwicklungsstand der Theorie dieser Erscheinungen erscheint der praktische Aspekt dieser Methode interessant. Der Autor dieses Artikels lernte im vergangenen Jahr solche Arbeiten in der Praxis kennen. Im allgemeinen unterscheidet sich die Meßmethodik nur wenig von derjenigen, die beim Aufsuchen von Uranlagerstätten angewandt wird. Da der gesamte Effekt jedoch verhältnismäßig gering ist, müssen naturgemäß die Apparaturen viel empfindlicher sein. Wenn der radioaktiven Messung keine seismischen Untersuchungen vorausgegangen sind, wird das Gelände durch ein Netz von Aero-Messungen erforscht. Die Dichte des Netzes hängt vor allem von der Größe der gesuchten Strukturen ab. Um eine Struktur durch Messungen erfassen zu können, sollte die Flugrichtung senkrecht der zu erwartenden längsten Strukturachse situiert werden. Nach den erzielten Ergebnissen wird eine Isogrammkarte konstruiert, deren Linien die Punkte gleicher Strahlungsintensität verbinden. In diese werden Daten aus der geologischen Spezialkarte, der Bodentypenkarte, das Geländerelief, die Hydrologie und andere Faktoren, die die Entstehung radioaktiver Anomalien beeinflussen können, aufgenommen. Nachdem nur noch Anomalien, die sich durch keine der erwähnten Ursachen erklären lassen, verblieben sind, wird ein dichtes Profilnetz angelegt. Geländefahrzeuge mit aufmontierten Tabletts der GM-Zähler oder einem Szintilationszähler führen die Messungen durch. Um Fehler zu vermeiden, wird jedes Profil von zwei Kraftfahrzeugen befahren. Die Kraftfahrzeuge müssen dabei eine möglichst gleiche Messungsrichtung ohne Rücksicht auf vorhandene Wege einhalten. Die Aufnahmen werden im Maßstab 1:50000 oder 1:25000 bzw. noch kleiner angefertigt.

Würde das Gebiet bereits vorher seismisch untersucht und durch Prospektionsstrukturen umgrenzt, so genügt die Aufnahme der Struktur mit Kraftfahrzeugen. Beim gegenwärtigen Entwicklungsstand dieser Methoden kann noch nicht mit völliger Sicherheit gesagt werden, ob alle Erdöl- und Gasspeicher von radioaktiven Anomalien begleitet werden. Vermutlich ist der Speichertyp dabei nicht ohne Einfluß. In sehr gewissen Fällen dürfte jedoch beantwortet werden können, ob Strukturen ölhöffig sind oder nicht.

DRESSEL

MINCHIN, L. T.

The underground storage of gas in Europe

„Coke and Gas" 20/1958, Nr. 227, S. 163—166 und Nr. 228, S. 193—196

Ausgehend von einem kurzen Hinweis auf die Entwicklung der Untergrundgasspeicherung in Amerika (1956 waren dort bereits 214 Speicher in Betrieb; es handelt sich überwiegend um leergeförderte ehem. Erdöl- und Erdgaslagerstätten) behandelt der Verfasser im 1. Teil allgemeine Gesichtspunkte der Gasspeicherung am Beispiel der vier europäischen natürlichen Gasreservoire bei Hamburg, Engelbostel, Beynes (nahe Paris) und in der VR Polen. Im 2. Teil folgt eine spezielle Kurzbeschreibung dieser vier Speicheranlagen, verbunden mit einem Ausblick auf die Möglichkeiten in England.

Im 1. Teil (Nr. 227) stehen vier Probleme im Vordergrund: die erforderlichen geologischen Voraussetzungen, die Gründung von Untergrundspeicheranlagen, die Reinigung des Gases und der wirtschaftliche Nutzeffekt.

Die wichtigsten geologischen Voraussetzungen bei der Gründung eines Untertagegasspeichers in porösen Gesteinen (meist Sandsteine) sind gegeben durch eine gute Nutzporosität des Speichergesteins, Vorhandensein einer günstigen Fangstruktur, einen undurchlässigen Abschluß der Speicherschicht im Hangenden und im Liegenden und Ausbildungsmöglichkeit eines beweglichen geschlossenen Randwasserspiegels. Die Erdoberfläche muß bautechnisch und verkehrstechnisch günstige Bedingungen aufweisen; außerdem muß die Beseitigung des bei der Förderung anfallenden Salzwassers gewährleistet sein. Ein weiterer wichtiger Punkt für die Gaseinspeicherung und Gasentnahme ist die Permeabilität des Speichergesteins, weil sie im wesentlichen die Einpreß- bzw. Abgabemenge an Gas je Zeiteinheit bestimmt. Eine gute Permeabilität des Speichergesteins garantiert außerdem einen relativ konstanten Druck bei der Entnahme.

Das Fassungsvermögen des Speichers ist theoretisch erschöpft, wenn die durch das eingepreßte Gas verdrängte Randwasserlinie den obersten Punkt der Fallenbegrenzung erreicht hat — das Gas hat dann die Möglichkeit abzuwandern und geht verloren — oder wenn der Einpreßdruck zu groß wird. Kontrollbohrlöcher überwachen ständig die komplizierten Vorgänge im Speicher, damit beim Einpressen und beim Entnehmen kein Gas auf irgendeine Art verlorengeht (Gasabwanderung, Isolierung von Gasmengen durch Wassereinbrüche usw.).

Bevor ein Untertagegasspeicher endgültig in Betrieb genommen werden kann, sind umfangreiche Untersuchungen erforderlich. Neben Test- und Laborarbeiten ist besonders die Prüfung des Speichers auf seine Dichtigkeit erforderlich. Zur Ermittlung der Daten sowie für die Einpreßversuche werden mehrere Bohrungen abgeteuft, die sorgfältig verrohrt und zementiert werden müssen. Neben den üblichen Verfahren der elektrischen Bohrlochvermessung kommen verschiedene moderne Methoden, wie die Neutronen-Gamma-Messung zur Anwendung. Die Konstruktion einer Fördersonde demonstriert der Verfasser an Hand einer Abbildung.

Vor dem Einpressen von Koksofengasen wird ein spezieller Reinigungsprozeß durch eine Aktivkohlenanlage vorgenommen, um die evtl. die Poren des Speichers verklebenden gummierenden Bestandteile aus dem Gas zu entfernen.

Eine kurze wirtschaftliche Analyse der Untergrundspeicheranlagen zeigt, daß trotz der hohen Anlagekosten eine Rentabilität und ein enormer Nutzeffekt erzielt wird. Die wirtschaftliche Bedeutung der Untergrundspeicheranlagen liegt besonders in ihrer großen Kapazität, mit der sie zu bestimmten Zeiten überproduzierte Gasmengen bequem aufnehmen und in Spitzenbelastungszeiten (besonders im Winter) leicht wieder abgeben können, begründet.

Nach Meinung des Verfassers werden zu den sich bereits bewährten Speicheranlagen in den nächsten 5 Jahren noch einige neue hinzukommen.

Im 2. Teil seiner Ausführungen beginnt L. T. MINCHIN mit einer kurzen Beschreibung des im Süden der VR Polen gelegenen Untergrundspeichers. Als Speicherraum wird nach amerikanischem Muster eine annähernd ausgebeutete Erdgaslagerstätte benutzt. Der dem Eozän angehörende Speichersandstein befindet sich etwa 3300 ft. unter der Erdoberfläche. Als Falle wirkt eine in sich gegliederte Antiklinale.

Mit der Gründung des ersten deutschen Untergrundspeichers begann Ende 1951 die Ruhrgas AG. bei Engelbostel. Eine bereits bekannte Struktur des Wealden, die bei auf Erdöl durchgeführten Testarbeiten wirtschaftlich unbedeutenden Erdgaszustrom aufwies, wurde eingehend untersucht. Die eigentlichen Gaseinpressungen wurden erst ab 1954 vorgenommen; im November 1957 waren bereits 4000 cu.ft. eingepumpt. Für die normale Benutzung wurden 10 Bohrungen mit einer Teufe von etwa 820 ft. niedergebracht.

Der Gesamtaufbau des Speichers und der Übertageanlage wird durch mehrere Abbildungen mit Texterläuterungen demonstriert.

Der französische Speicher bei Paris besteht ebenfalls aus Wealdensandsteinen, die aber eine wesentlich bessere Permeabilität als die von Engelbostel aufweisen. Da aber auf der anderen Seite ihr Verfestigungsgrad gering ist, fördern die Sonden sehr viel Sand mit, was sich nachteilig auswirkt.

Das mit einem Druck von 18 Atmosphären über eine Fernleitung aus dem Gebiet der Lorraine ankommende Gas wird mechanisch und chemisch gereinigt, bevor es auf 45 Atmosphären komprimiert in den Speicher geleitet wird.

Die neueste europäische Untergrundspeicheranlage befindet sich bei Reitbrook in der Nähe der Stadt Hamburg. Zur Einspeicherung in die strukturell günstig gelegenen „Neuengammer Gassande" gelangen die über das ganze Jahr hindurch gleichmäßig anfallenden Raffinerie-Gase der Esso-AG.

H. KNAPE

HORN, O.

Die Erdölchemie, ihre Entwicklung und ihre Aussichten

„Erdöl und Kohle" 1958, S. 693—698

Der Autor bringt zunächst historische Daten, die zeigen, wie sich vorwiegend in den USA der Übergang von der Verarbeitung des Steinkohlenteeres zur Auswertung von Erdöl und Erdgas vollzog. „Schon Mitte der 20er Jahre wurde in den USA Erdgas zur Herstellung von NH_3 bzw. Stickstoffdüngemitteln verwandt. Zur gleichen Zeit wurde aus dem Propylen im Erdgas Isopropylalkohol hergestellt, und Azeton und Alkohol brachten weitere Belebung in dieses Gebiet." Es werden die Kosten über die Erdgasleitungsnetze in den USA und die Gasfernleitungen (Kokereigas und Erdgas) in Mitteleuropa aufgeführt.

Als Rückgrat der Petrochemie werden Methan, Äthan-Äthylen, Propan-Propylen und Butan-Butylen bezeichnet. „Daß die Vorräte an Erdgas in Europa ständig zunehmen, ist bekannt; nach Schätzung der OEEC betragen sie für

Frankreich (hauptsächlich Lacq)	250 Mrd m^3
Italien (Po-Ebene und Apennin)	130 „ „
Westdeutschland, Österreich, Holland	35 „ „
	415 Mrd m^3"

„Zu den Teerkohlenwasserstoffen kommen nun das Erdgas, die Crackkohlenwasserstoffe (Olefine) und zu dem Azetylen aus Elektrokarbid das Azetylen aus der Sauerstoffvergasung von Methan."

„Die hohen Lohnkosten und die einfachere und bequemere Handhabung des Öles haben in den USA den Gebrauch der Steinkohle auf den Koksbedarf der Metallindustrie beschränkt, während sich die Chemie schon sehr früh in zunehmendem Maße des Erdöls und Erdgases als Ausgangsmaterial für Chemikalien bediente, neuerdings selbst für Azetylen, das früher nur aus Karbid (Kalk/Kohle/Strom) gewonnen wurde." „In den USA stammen über 93% des erzeugten Xylols, etwa 85% des Toluols und fast 56% des Benzols aus Erdöl; in Deutschland werden diese Produkte bisher allein auf Kohlebasis erzeugt."

Es werden dann die auf Erdgas und Raffineriegasen basierenden petrochemischen Anlagen in Südfrankreich, Holland, Italien und Westdeutschland, die letzteren besonders ausführlich, beschrieben. „Wenn in Deutschland im Jahre 1956 von 12,18 Mio t Erdölproduktion etwa 200000 t Raffineriegase in den petrochemischen Sektor gegangen sind, so waren dies nur 1,6% des Rohöldurchsatzes der deutschen Raffinerien. Dazu kommen noch etwa 100 Mio m^3 Erdgas, die petrochemischen Zwecken dienten."

Der Verfasser kommt zu der richtigen Schlußfolgerung, daß auch bei steigender Produktion von Petrochemikalien die Rohstoffversorgung in Deutschland kein Problem bildet.

c.

TOPTSCHIJEW, A. W. & B. A. KRENZEL

Die petrochemische Synthese

„Priroda" Nr. 10/1958

Die Bedeutung der petrochemischen Synthese, die vorwiegend gasförmige Kohlenwasserstoffe als Rohstoffquellen auswertet, nimmt ständig zu. Zu den Prozessen der petrochemischen Synthese gehören Oxydation, Chlorierung, Nitrierung, Polymerisation, Hydratation, Alkylierung und einige andere. Die Schemata illustrieren die Anwendungsgebiete dieser Prozesse.

Paraffinkohlenwasserstoffe	Chlorierung	Alkylchloride und Polychloride (Methylchlorid, Methylenchlorid, Tetrachlorkohlenstoff, Äthylchlorid u. ä.)
	Nitrierung	Nitroparaffine (Nitromethan, Nitroäthan, Nitropropan u. a.)
	Oxydative Pyrolyse und Elektrocrackung	Acetylen, Verarbeitungsprodukte von Acetylen (Essigsäure, Vinylchlorid u. a.)
	Crackung und Dehydrierung	ungesättigte Kohlenwasserstoffe
ungesättigte Kohlenwasserstoffe	Hydratation	Alkohole (Äthylalkohol, Isopropylalkohol)
	Oxydation	Olefinoxyde (Äthylenoxyd)
	Chlorierung	Bei niedriger Temperatur: Dichloride (Dichloräthan, Dichlorpropan); bei hoher Temperatur: ungesättigte Chloride (Allylchlorid, Vinylchlorid)
	Polymerisation	Polyolefine (Polyäthylen, Polypropylen, Polyisobutylen)
	Oxosynthese + CO + H_2	Aldehyde und Alkohole (Butylalkohol, Amylalkohol und höhere Alkohole)
	Alkylierung	alkylierte Kohlenwasserstoffe (Isooktan, Isopropylbenzol u. a.)
aromatische Kohlenwasserstoffe	Oxydation	Terephthalsäure (aus p-Xylol), Phenol und Aceton (aus Isopropylbenzol), Phthalsäureanhydrid (aus o-Xylol oder Naphthalin)

Schema der Grundprozesse der petrochemischen Synthesen auf der Grundlage von Erdölkohlenwasserstoffen und Erdgasen

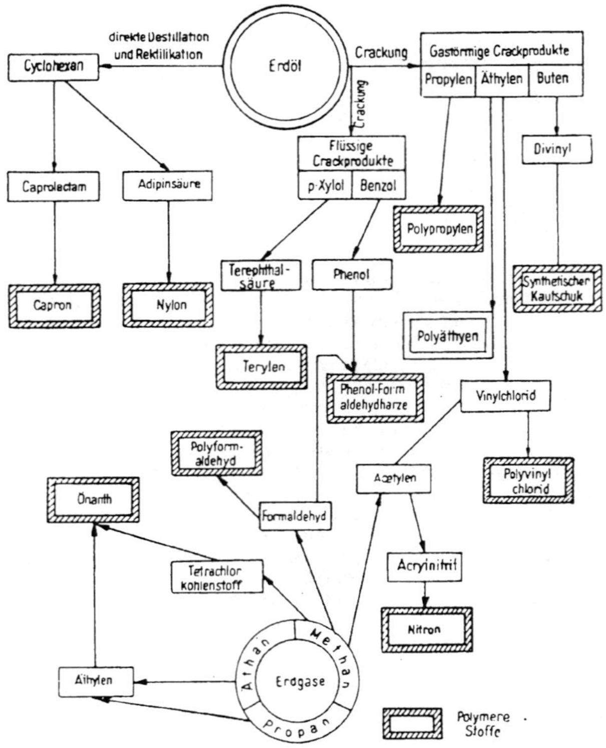

Schema der Verwendung von Produkten der petrochemischen Synthese bei der Produktion von Polymeren

In allen Ländern der Welt ist man in sehr starkem Maße daran interessiert, Daten über Struktur und Anwendung dieser neuen, auf der Grundlage von Gasen synthetisierten Produkte zu erhalten.

Aus den Schemata geht der Einfluß, den Erdgas und Erdölgase bei der petrochemischen Synthese besitzen, recht deutlich hervor.

E.

GRAFENAUER, S.

Mineralogisch-chemische Charakteristiken und sekundäre Veränderungen mazedonischer Chromite

„Rudarsko-Metalurski Zbornik", 1957, Nr. 3, S. 227 bis 251 (Am Schluß: Zusammenfassung in Deutsch)

Die Chromite Mazedoniens kommen in zwei Hauptzonen der serpentinisierten Peridotite, in der Vardarzone und der Ljubotenzone vor. In der westlichen, im Serpentinmassiv der Ljuboten, treten die reichsten Chromerzlagerstätten Jugoslawiens auf. Hier befinden sich die Bergwerke der Raduscha-Gruppe. In der östlichen Serpentinzone ist das Auftreten des Chromerzes in den magmatischen „Schichten" kennzeichnend. Die Chromerzlagerstätten treten fast ausschließlich in einem bestimmten Bereich des dunitischen Serpentins im Schichtenmassiv auf. Die Hauptchromerzlagerstätten kommen in dieser Zone in Lojane bei Kumanovo und in Rabrovo bei Valandovo vor. Die Chromitkörner, die idiomorph bis allotriomorph auftreten, sind an den Ecken abgerundet und zeigen meistens magnetische Korrosion. Die Farbe im Dünnschliff ist durchscheinend gelbbraun, braun oder rotbraun. Es treten folgende Texturtypen auf:

I

Homogene Textur ohne Richtungswirkungen:

A. Derberz:
1. gleichmäßig eingespritztes Erz
2. Nodularerz

B. Sprenkelerz:
1. gleichmäßig eingespritztes Erz
2. Nodularerz

II

Taxytische Textur. Die Chromite sind durch Richtungswirkungen orientiert:

A. Plattenerz:	B. Strahliges Erz:
1. gleichmäßig eingespritztes Erz	1. gleichmäßig eingespritztes Erz i. d. Schlieren
2. Nodularerz	2. Chromitovoide mit zweiter Erzschale
	3. Nodularerz
	4. negatives Nodularerz
	5. maschiges Erz.

Die chemische Zusammensetzung der Chromite in den Erzlagerstätten Mazedoniens verändert sich in den verschiedenen Fundorten ziemlich und ist hauptsächlich von der allgemeinen chemischen Magmazusammensetzung und der Entstehungsweise der Erzlagerstätten sowie den sekundären chemischen Veränderungen im Chromit abhängig.

Die Chromite der orthomagmatischen Erzlagerstätten nähern sich mehr dem Spinellbestand. Die spinellreichen Chromite kommen hauptsächlich in siliziumarmen Gesteinen vor, die magnetitreichen Chromite dagegen in verschiedenen Arten der Peridotitgesteine. Das Verhältnis MgO:FeO in den Chromiten entspricht demselben Verhältnis im Olivin und Enstatit. Aus demselben Grunde verändert sich das Verhältnis MgO:FeO in relativ engen Grenzen, da sie in vollständig ähnlichen Gesteinen ausschließlich in serpentinisierten Duniten auftreten. Das Verhältnis MgO:FeO in den Chromiten des Ljubotenmassivs steigt ständig zugunsten des Fe an, wie festgestellt werden kann, wenn man aus den tieferen Massivteilen in die höheren steigt. Dies stimmt auch damit überein, daß die Eisenmenge in Olivinen und Pyroxenen von unten nach oben ansteigt.

Die Chromite sind sehr reich an Cr_2O_3 (sogar über 60%). Das Verhältnis Cr:Fe ist gewöhnlich über 3,0. Das Verhältnis R_2O_3:RO in den frischen Chromiten liegt um 1,0, in den veränderten aber über 1,0.

Die Chromite der Vardarzone waren großen sekundären Veränderungen unterworfen. Bei den ersten Veränderungen, die während der Serpentinisation entstanden sind, werden die Chromitkörner längs der Ränder und Spalten schwarz und am Ende bei starken Veränderungen ganz undurchscheinend schwarz, wobei manchmal das ganze Korn verändert wird. Ferrooxyd im Chromit oxydiert hierbei zu Ferrioxyd. Hierbei werden Aluminium und Magnesium frei. Es entsteht Chlorit und Magnesit. Bei der Veränderung von Chromit kommt es leicht zum teilweisen Zerfall der Magnetitstoffe und zu deren Migrierung. Der Chromit ist sekundär stärker in der Nähe der Grenze der Erzkörper und der tektonischen Verschiebungen verändert.

Die Chromite haben sich auch während der hydrothermalen Phase verändert. Teilweise kommen Chromitkörner vor, aus denen sich die Reihen feiner Magnetitkörner astförmig verbreiten; teilweise tritt Magnetit auf, der auch in sekundären Rippen im Serpentin aus Chromit entstanden ist. Die durchschnittlichen Analysen der jugoslawischen Chromerze nähern sich meist den Analysen der türkischen Erze (Anatolien).

E. SIEGMUND

MARTIN, H.

Ergebnisse der Setzungsmessungen im untersten Kontrollgang der Rappbodesperre

„Wasserwirtschaft—Wassertechnik" 8. (1958), Heft 7, S. 312/316

Seit Mai 1953 werden in den untersten Kontrollgängen der Rappbodesperre durch das Institut für Bodendynamik und Erdbebenforschung, Jena, Setzungsmessungen mit der Schlauchwaage durchgeführt, worüber MARTIN bereits früher berichtet hat (Wasserwirtschaft—Wassertechnik, 1957, Heft 4 und Freiberger Forschungshefte C 22, 1956). Die Meßpunkte liegen in je einem Gang parallel zur Wasserseite und zur Luftseite der Mauer und 5 Verbindungsgängen in der Mitte der Felder 13 bis 17. In der jetzt vorliegenden Arbeit beschreibt MARTIN die bis zum Oktober 1957 ausgeführten Messungen, insbesondere im Hinblick auf den bis dahin erfolgten Wasseranstau von 42 m Höhe. Aus dem Bericht geht hervor, daß die hier für Präzisionsnivellements im gesamten Talsperrenbau der Erde erstmalig angewendete Schlauchwaage ein ausgezeichnetes Hilfsmittel darstellt. Mit Hilfe dieses Verfahrens ist man in der Lage, Bewegungen des Baugrundes mit einer bisher noch nicht erreichten Genauigkeit zu verfolgen. Dem Ingenieurgeologen erschließen sich dadurch wertvolle Einblicke in gebirgsmechanische Vorgänge. Der verdienstvolle Autor kann sicher sein, daß seine wertvollen Untersuchungen von der Ingenieurgeologie auch weiterhin mit Interesse verfolgt werden.

R. KÖHLER

Nachrichten und Informationen

Neue Rohstoffquellen für die chemische Industrie der VR Polen

Der Minister für chemische Industrie A. RADLINSKI beschäftigte sich in der „Trybuna Ludu" vom 3. Dezember 1958 mit der Entwicklung der polnischen chemischen Industrie im nächsten Planjahrfünft.

Er kommt dabei u. a. zu folgenden Feststellungen:

„In den Jahren 1961 bis 1965 soll die Produktion der polnischen chemischen Industrie etwa um das Doppelte ansteigen. Dieses Ziel werden wir nur erreichen, wenn wir unsere traditionelle Rohstoffbasis — die Kohle und den Koks — durch andere Rohstoffe erweitern. Die Möglichkeiten zur Erhöhung der Koksproduktion sind in Polen gering. In den kommenden Jahren muß die Rohstoffbasis grundlegend verändert werden. Es sind in größerem Maße billigere und im Verbrauch rationellere Rohstoffe, wie Erdgas und Kokereigas, aus Erdöl gewonnene Halbprodukte und Schwefel, zu verwenden.

Im Jahre 1965 werden wir fast die Hälfte der Schwefelsäure aus Schwefel herstellen.

Wenn wir gegenwärtig aus Erdgas täglich etwa 150 t Ammoniak erzeugen, so werden es 1965 etwa 840 t sein. Aus Kokereigas produzieren wir täglich 20 t Ammoniak — im Jahre 1965 müssen wir ungefähr 360 t erzeugen.

Etwa 50% der gesamten Ammoniakproduktion werden aus Koks hergestellt. Die derzeitigen Produktionskosten für 1 Tonne Ammoniak aus Koks betragen 1900 Zloty; vorgesehen ist, diese Kosten nach vollständigem Ausbau und nach Intensivierung auf 1600 Zloty zu senken. Dagegen kostet 1 Tonne Ammoniak aus Erdgas 1200 Zloty und aus Kokereigas nur 900 Zloty.

Unsere Industrie muß auf eine möglichst umfassende Ausnutzung des Erdgases eingestellt werden. Im Jahre 1965 wird die gesamte chemische Industrie mehr als sechsmal soviel Gas verbrauchen wie gegenwärtig. Erdgas und Kokereigas dienen dazu, neben Stickstoffdünger synthetische wollähnliche Fasern, Polyvinylchlorid, Polystyrol — also die wesentlichsten Produkte der chemischen Großsynthese — herzustellen.

Durch die Anwendung neuer Rohstoffe lassen sich viele Mittel einsparen und die vorgesehenen Investitionen ganz beträchtlich verringern.

So werden z. B. in Kedzierzyn die Produktionskosten des sogenannten Stickstoff III (dem Kokereigas als Rohstoff zugrunde liegt), umgerechnet auf 1 Tonne Tagesproduktion, nur ein Drittel der Produktionskosten in den früher erbauten Anlagen, die Koks als Rohstoff verwenden, betragen.

Der Bau des Schwefelsäurewerks ist um ein Drittel billiger, wenn die Säure aus Schwefel und nicht wie bisher aus Pyriten erzeugt wird. Durch die Verwendung von Schwefel für die Säureproduktion wollen wir innerhalb des Planjahrfünfts 4 Produktionseinheiten zu je 100000 t Säure im Jahr errichten, während die gleichen Aufwendungen sonst nicht einmal für drei derartige Einheiten ausgereicht hätten.

Der Übergang zu der neuen Rohstoffbasis ist also eine der grundlegenden Quellen für Einsparungen in unseren Investitionsvorhaben."

E.

Neue Erdöl- und Erdgasvorkommen/Polen

Der Chefgeologe für Ölerkundung, Dr. Z. OBUCHOWICZ, teilte in „Trybuna Ludu" vom 8. 10. 1958 mit, daß in dem Feld von Lubaczów eines der größten polnischen Erdgasvorkommen aufgefunden wurde. Diese Tatsache steht bereits fest, obwohl die Erkundungen noch nicht abgeschlossen sind. Es ist interessant, daß dieses Feld nicht weit von dem Schwefelvorkommen von Tarnobrzeg liegt. „Das Gas von Lubaczów ist sehr schwefelhaltig, und es scheint daher möglich, daß das Vorkommen an gediegenem Schwefel auf eine ähnliche Genese hinweist, wie das gemeinsame Auftreten von gediegenem Schwefel, Erdgas und Erdöl in Sizilien."

Ein weiteres neues Erdgasvorkommen wurde in der Nähe von Kolbuszowa, das zwischen der Weichsel und dem San liegt, entdeckt. Man kann annehmen, daß auch dieses Feld erhebliche Erdgasvorräte birgt.

Im September 1958 wurde weiter westlich im Bezirk Dabrowa Tarnowska ein neues Erdgasfeld aufgefunden. Diese Entdeckung ist besonders bemerkenswert, weil dieses Gasfeld nahe des Krakauer Industriegebietes liegt. Ebenfalls im September wurde Erdöl im Mielec-Bezirk (zwischen Weichsel und San) entdeckt. Dieser Fund ist besonders bedeutungsvoll, weil er der erste von wirtschaftlichem Wert ist, der außerhalb des Karpatengebietes liegt. E.

Gasvorkommen bei Buchara

„Mit aller Wahrscheinlichkeit sind die Gasvorkommen bei Buchara die größten in der Sowjetunion und zählen zu den größten der Welt. Sie reichen aus, um die Städte und Siedlungen sowie einen großen Teil der Industrie des sowjetischen Mittelasiens und z. T. auch des südlichen Urals mit dem rationellen Brennstoff Gas zu versorgen", berichtete der Präsident der Usbekischen Akademie der Wissenschaften, Professor Dr. HABIB MEHAMED ABDULLAJEW.[1])

Dank der gewaltigen Erdgasvorkommen seien die Voraussetzungen vorhanden, in dem Gebiet von Buchara ein großes Zentrum der chemischen Industrie zu schaffen.

Nach jüngsten Angaben werden die Erdgasvorkommen in den gasführenden Strukturen von Buchara-Chiwinsk in Usbekistan mit 450—460 Mrd. m^3 geschätzt. Südöstlich der Stadt Buchara befindet sich die sog. Kaganer Gruppe und im Nordosten die Gasli-Gruppe. 95% des Gases befinden sich in der Gasli-Gruppe.

Das Gas von Buchara wird in den nächsten Jahren einen bedeutenden Platz in der Brennstoffversorgung der Sowjetunion einnehmen. Es ist bereits mit dem Bau der Hauptgasleitung Dsharkak—Buchara—Samarkand—Taschkent begonnen worden. In diesem Jahr wird die Stadt Samarkand und kurz darauf Taschkent mit Erdgas versorgt werden. Insgesamt sollen von dieser Hauptleitung aus 15 Städte versorgt werden.

Von den Vorkommen von Gasli aus sollen 2 Hauptleitungen zum Ural gebaut werden. Im Jahre 1965 soll der Ural aus den verschiedensten Erdgasgebieten über 30 Mrd. m^3 Gas erhalten. Davon soll der Hauptanteil auf die Gasleitungen Gasli-Tscheljabinsk und Gasli-Swerdlowsk entfallen. E.

[1]) „Die Presse der Sowjetunion" Nr. 126/1958, S. 2568.

Erdölerkundung in der VR China

Die unglaublichen Erfolge der Kleinindustrie in der Stahl- und Kohlenerzeugung geben Anlaß, ähnliches in der Erzeugung von Erdöl zu unternehmen. In der Provinz Kweichow wurden zahlreiche Erdöldestillationen und Raffinerien für Ölschiefer errichtet. Es werden Petroleum, Dieselöl, Kerosene und andere Nebenprodukte erzeugt. Die Gehalte an Bitumen in den Ölschiefern liegen zwischen 5 und 25%. Teils sind es weiche, wachsartige Algenkohlen, teils auch dünnblättrige Ölschiefer, die als Ausgangsmaterial dienen. Da in allen Formationen seit dem Sinian (Präkambrium) praktisch nichtmetamorphe Ölschiefer auftreten können, hat die Verarbeitung von Ölschiefern außerordentliche Bedeutung.

Neben Ölschiefern werden bituminöse Kohlen und Lignite neuerdings auch in der Provinz Kwantung raffiniert. In den letzten Monaten sind 260 kleine Werke errichtet worden. Die Vorräte an ölführenden Gesteinen werden in Kwantung auf 4800000 t geschätzt.

Nunmehr ist auch Erdöl im Tarimbecken nachgewiesen worden. Die erste Versuchsbohrung im Oktober 1958 ergab in 24 Stunden mehr als 100 t Erdöl. Die gefürchtete Taklamakan-Wüste ist in einem Profil von 1000 km Länge durchquert worden. Sie hat eine Breite von 40 km. Hierbei konnten mehrere Dutzend von ölführenden Strukturen erkannt werden, so daß zu hoffen ist, daß auch das Tarimbecken, wie das nördlich gelegene Karamai-Ölfeld, ein wichtiges Zentrum der Erdölindustrie der Provinz Sinkiang werden wird.

In der Provinz Kansu sind weitere ölführende Strukturen im Kiuchuan-Becken und im Tchachsui-Becken nachgewiesen worden. Neue Bohrungen sind in den 2 neuen Ölfeldern der Provinz Kansu, in Yaerhchia und Paiyangho fündig geworden.

Im Turfan-Becken (Ost-Sinkiang-Provinz) wurden durch Bohrungen bei Shengchinkow reiche Erdöllagerstätten aufgefunden. Das neue Verfahren, bereits aus Erkundungsbohrungen zu produzieren, hat sich außerordentlich bewährt. A. SCHÜLLER, z. Z. Peking

Erdölfeld Mönchsrot

In dem ersten württembergischen Erdölfeld Mönchsrot bei Biberach sind 2 weitere Bohrungen, Mönchsrot 3 und 4, ölfündig geworden. Die beiden Bohrungen trafen die ölführenden Sande der Bausteinschichten in fast genau der gleichen Tiefe an wie M. 2, nämlich in rund 1470 m. Der Förderertrag im Pumpbetrieb stellt sich je Bohrloch auf 15—20 m^3 Rohöl täglich. Im August 1958 produzierte das Feld Mönchsrot zum ersten Male über 1000 t. E.

Kondensatfund an der Ostseeküste

10 km östlich von Schönberg wurden an der Kieler Bucht in 4200 m Teufe im Zechstein unter hohem Druck stehende Kondensate angefahren. Man nimmt auf Grund der geophysikalischen Messungen an, daß weitere Untersuchungsbohrungen hier eine große Zechsteinlagerstätte feststellen werden. E.

Neues Ölgewinnungsverfahren in den Niederlanden

Der holländische Ingenieur H. J. TADEMA stellte auf der 11. Jahrestagung der „Deutschen Gesellschaft für Mineralölwissenschaft und Kohlechemie" in Goslar ein neues Ölförderungsverfahren zur Diskussion.

Durch eine künstliche innere Erhitzung der Lagerstätte — bewirkt durch chemische Zündung mit Salpetersäure und anschließende Verbrennung unter Druckluftzufuhr — läßt sich eine sehr wirksame Steigerung der Ausbeute erzielen: Im Unterschied zu der bekannten unterirdischen Vergasung der Steinkohle (z. B. in nichtabbaufähigen Flözen) wird hier das Öl — unter wesentlich geringeren Temperaturen — nicht etwa ganz verbrannt, sondern infolge komplizierter Reaktionen aus dem Lager „quantitativ" herausgetrieben. Praktisch unternommene Feldversuche haben die Laboratoriumsteste bereits bestätigt und gezeigt, daß viele Lagerstätten mit auch sehr zähflüssigen Ölen sich durch diese neuartige Methode fast vollständig entölt werden können. E.

Erdöl im Pariser Becken

Bei Coulommes, 40 km östlich von Paris, wird seit Ende 1958 Erdöl gefördert. Ende Februar 1958 waren an dieser Stelle des Pariser Beckens zum ersten Male größere Erdölspuren festgestellt worden. Die gegenwärtige Tagesproduktion liegt bei etwa 80 t. Man hofft, bereits im Jahre 1959 etwa 100000 t fördern zu können. E.

Erdöl bei Graz

Im Gebiet von Graz wurden in einer Tiefe von 2460 m Spuren einer neuen Erdöllagerstätte festgestellt. Ob das Vorkommen wirtschaftlich nutzbar ist, wird zur Zeit noch untersucht. —z—

Erdgas bei Istanbul

Bei Bohrungen in Silakhtarag bei Istanbul ist man auf Erdgas gestoßen. Testversuche werden durchgeführt. Falls sie günstig ausfallen, soll das Gas durch eine Fernleitung in das Gasnetz von Istanbul eingespeist werden. E.

Erhöhung der Erdölproduktion im Irak

Die Iraq Petroleum Company, die praktisch die gesamte Ölförderung im Irak in den Gebieten um Kirkuk, Mosul und Basrah kontrolliert, hat sich entsprechend den Wünschen der Regierung zu einer beträchtlichen Steigerung der Ölproduktion bereit erklärt. Wie es heißt, soll unverzüglich ein Entwicklungsplan in Angriff genommen werden, der bis Ende 1961 eine Ausdehnung der irakischen Ölförderung von gegenwärtig rd. 30 auf 57 Mio t im Jahr vorsieht. Es wird in London damit gerechnet, daß der Irak in Kürze um eine Revision des Konzessionsvertrages mit der Iraq Petroleum Company nachsuchen wird, um eine höhere Gewinnbeteiligung zu erreichen, die gegenwärtig nur 50% beträgt. E.

Erdgas in Saudiarabien

Die Bohrung Dammam 43 ist in dem Khuff-Kalkstein, der permisches Alter besitzt, zwischen 8492 und 8596 Fuß Tiefe auf Erdgas fündig geworden. Es ist beabsichtigt, das Gas für den örtlichen Bedarf auszuwerten. Zum ersten Male wird in Saudiarabien nunmehr aus permischen Schichten gefördert. Bisher hatte man nur auf den Bahrein-Inseln in einigen besonders tiefen Bohrungen Erdgas in permischen Schichten angefahren. E.

Brennstoffgrundlage der Gasturbinen

Von großer Wichtigkeit für die Einsatzmöglichkeit von Gasturbinenanlagen sind die Anforderungen an den Brennstoff. Gasturbinenanlagen sind in erster Linie für die Verbrennung flüssiger und gasförmiger Brennstoffe geeignet. Auch Schwachgase bis herab zu 900 kcal/Nm³ sind noch verwertbar. Bei vanadiumhaltigen Rückstandsölen erfordert die oberhalb von 650° auftretende Korrosion der Turbinenschaufeln besondere Schutzmaßnahmen.

Auf Grund der verschiedenen Arten von Gasturbinenanlagen empfiehlt sich ihre Anwendung vor allem:

1. dort, wo das geringe Baugewicht und das geringe Bauvolumen von ausschlaggebender Bedeutung sind und der etwas höhere Brennstoffverbrauch weniger von Belang ist, so z. B. als Antriebmaschinen für leichte Straßen-, Schienen- und Seefahrzeuge sowie für transportable Elektrostationen, Preßluft- und Feuerlöschaggregate, ferner
2. überall dort, wo flüssiger und gasförmiger Brennstoff in ausreichender Menge zur Verfügung steht, da die unmittelbare Verbrennung in Gasturbinenanlagen viele Vorteile gegenüber der Verwertung in Dampfkraftanlagen bietet.

Gasturbinenanlagen dieser Art finden Anwendung in öffentlichen Kraftwerken und Industriekraftwerken für Grundlast- und für Spitzenlasterzeugnisse, als Heizkraftwerke und für die industrielle Kopplung von Kraft und Wärme. Als Brennstoffe kommen die verschiedensten Schweröle aus Raffinerien, Schwelereien und Synthesewerken, Erdgas, Grubengas, Schwelgas, Kokereigas-, Hochofen-Gichtgas und andere industrielle Abfallgase in Betracht. Gasturbinenanlagen werden ferner als Antriebmaschinen für Gebläse und Verdichter in metallurgischen und chemischen Betrieben, als Antriebsmaschinen für Ferngasverdichter sowie als Antriebsmaschinen für Handelsschiffe verwendet.

(Nach HANS WEISSLEDER „Gasturbine auch in der DDR aktuell", „Die Wirtschaft" Nr. 45 v. 5. 11. 59, S. 15.) E.

Kohle in der VR China

China ist nach Sibirien das kohlenreichste Land der Erde. Es verfügt über Steinkohlen in fast allen geologischen Formationen. Durch die geologische Forschung im neuen China wurden weitere Kohlenlager entdeckt. Ein großes Kohlenfeld wurde in der Gegend von Urumchi längs des Tienshan-Gebirges aufgefunden. Die jährliche Produktion wird 900000 t betragen. Große und kleinere Bergwerke werden längs des Tienshan-Gebirges entstehen und das große Industriezentrum in der nördlichen Sinkiang-Provinz versorgen.

Ein weiteres Kohlenfeld ist im nördlichen Teil der Anhwei-Provinz aufgefunden und erschlossen worden. Huaipei wird das Zentrum sein. 11 moderne Bergwerke sind im Bau, deren Produktion jährlich 6 Mio t betragen soll; 2 weitere werden eine Produktion von 900000 t, 5 kleinere eine Produktion von 400000 t haben.

Im Zusammenhang mit der Produktion von Bauernstahl, die im Handbetrieb mit kleinen und kleinsten Öfen arbeitet, sind auch zahlreiche kleine Kohlenschächte eingerichtet worden. In der Honan-Provinz allein beträgt ihre Zahl 550, ihre Produktion 15000 t. Im gesamten Land beträgt die Zahl derartiger kleiner Kohlengruben mehrere 10000 t.

Die kohlenreichste Provinz Chinas ist nach wie vor Shansi. Die Vorräte betragen 630 Mrd. t. Mit Hilfe dieser für europäische Verhältnisse unglaublichen Entwicklung der Kleinindustrie hat China außerdem eine Stahlproduktion von nahezu 11 Mio t im Jahre 1958 erzielt. Die tägliche Kohlenproduktion Chinas überschritt im Oktober 1958 1 Mio t.

A. SCHÜLLER, z. Z. Peking

Erste Kohlengrube in Tibet

Im Oktober 1958 wurde in der Umgegend von Lhasa eine Anthrazitgrube in Betrieb genommen. Die Vorräte werden auf 700000 t geschätzt. Die Jahresförderung soll 20000 t erreichen. Mit der Kohle sollen die Regierungsbehörden, die Armee und die ausländischen Diplomaten versorgt werden. Bisher war bekanntlich Rinderdung das landesübliche Heizmaterial in Tibet. E.

Krise in der Kohleförderung Großbritanniens

Durch die Schließung von 40 Grenzzechen mit einer Belegschaft von 12000 Bergarbeitern in Südwales, Durham, Cumberland, Lancashire, Northumberland und Schottland hofft die britische Regierung im Jahre 1959 die Kohlenkrise zu überwinden. 1958 lag die britische Kohleförderung mit 9 Mio t unter dem Niveau des Vorjahres. Trotzdem konnte die Zunahme der Haldenbestände nicht aufgehalten werden, die 1958 in einem nie gekannten Ausmaß angewachsen sind. Die Haldenbestände sind auf 19 Mio t gestiegen gegenüber 8,7 Mio t Ende 1957. Der Wert der Haldenbestände beträgt etwa 70 Mill. L. —z—

Das Braunkohlenkombinat Turoszów

Das größte polnische Elektro-Gruben-Kombinat wird zur Zeit in Turoszów (Türchau) gebaut. Die Baukosten sollen die Höhe der bisherigen Aufwände für die Stahlwerke in Nowa Huta übersteigen. Die Rohkohlenförderung soll 1965 17 Mio jato erreichen. Zu dem Kombinat gehören der Tagebau (Vorräte: 780 Mio t) und ein Kraftwerk von 1200 MW.

Das Kraftwerk in Turoszów soll das bedeutendste aller polnischen Elektrizitätswerke werden. Mit neuesten Einrichtungen ausgestattet, wird es um 75% weniger Arbeitskräfte brauchen als dies beim bisherigen Stand der polnischen Energiewirtschaft der Fall wäre. Das neue Kraftwerk wird den nächsten Umkreis sowie auch die Bezirke von Poznań, Lódź, Radom usw. mit Strom versorgen. Seine Produktion wird im nächsten Fünfjahresplan die Hälfte des Zuwachses an Kraftstrombedarf decken. E.

Uranerzeugung

In einem Bericht von Prof. Dr. O. HAXEL an den Aufsichtsrat der „Kernreaktor Bau- und Betriebs-GmbH." in Karlsruhe, der Ende vergangenen Jahres bekannt wurde, heißt es: „Die Entwicklung der Reaktortechnik im Ausland und die Genfer Konferenz haben gezeigt, daß im Augenblick die Entwicklung der Reaktortechnik stärker durch Fortschritte auf technischem Gebiet bestimmt wird als durch theoretische Überlegungen über neuartige Reaktorstrukturen oder Reaktortypen. Der Schwerpunkt der technischen Entwicklung liegt bei der Entwicklung und Erprobung von strahlenresistenten, hochtemperaturfesten und korrosionsbeständigen Spaltstoffelementen." Für die europäische kapitalistische Uranerzeugung werden folgende Zahlen genannt:

England	3000 t/Jahr (weiterer Ausbau im Gang)
Frankreich	über 500 t/Jahr (1000 t/Jahr im Ausbau)
Belgien	450 t/Jahr
Schweden	150 t/Jahr (ab 1961)
Spanien	100 t/Jahr (ab 1961)
USA	ein Mehrfaches von 1000 t/Jahr.

—sch—

Verarbeitung von Uranerzen in Westdeutschland

Bei Ellweiler, Kreis Birkenfeld, durchgeführte Prospektionsarbeiten auf Uran ergaben Erze, die in verwittertem Porphyr auftreten und als Arsenverbindungen (Trögerit, Zeunerit) vorliegen. Die Bemusterung erbrachte Gehalte zwischen 0,10 und 0,15% U_3O_8, gelegentlich bis zu 0,25% U_3O_8. Das Erz ist im Tagebau zu gewinnen.

Das Bundesministerium für Atomkernenergie und Wasserwirtschaft in Bad Godesberg hat inzwischen eine Versuchs- und Verarbeitungsanlage für Uranerze in Ellweiler projektiert, deren Bau demnächst begonnen werden soll. Es ist eine Verarbeitungskapazität von 50 t Erz/Tag vorgesehen. Die jährliche Uranproduktion beträgt dann etwa 18 t U_3O_8. Im Vergleich zu den Produktionsanlagen in Nordamerika mit Kapazitäten von 200—500 tato ist diese westdeutsche Anlage sehr klein.

Im „Industrie-Kurier" Nr. 118/1958 gibt FLEMMING einige kurze Informationen über die vorgesehenen Verfahrensschritte bei der Aufbereitung von Uranerzen in der Versuchsanlage Ellweiler:

Bei der Beschaffenheit des Roherzes reicht ein Zerkleinerungsgrad von max. 3 mm aus. Das im Tagebau gewonnene Erz wird trocken auf 15—20 mm vorzerkleinert und dann in der Naßzerkleinerung bis auf 3 mm zerkleinert. Um das Uran möglichst frei von anderen Elementen herauszulösen, werden in der Versuchsanlage sowohl der saure als auch der alkalische Aufschluß durchgeführt.

Beim sauren Aufschluß verwendet man 5—7%ige Schwefelsäure, mit der man mehr als 90% des Urans in Lösung bekommt. Das Herauslösen vollzieht sich unter normalen Temperaturen sehr gut und schnell. Bei der Verarbeitung primärer Uranerze wie Pechblende u. a. muß mit der Säurebehandlung gleichzeitig eine Oxydation erfolgen. Die Nachteile des sauren Aufschlusses bestehen darin, daß

a) größere Mengen des vorhandenen Aluminiums und Eisens mit in Lösung gehen,

b) beim starken Kalkgehalt (> 5%) der Säureverbrauch enorm steigt und damit die Methode unrentabel wird, und

c) große Abwassermengen neutralisiert und beseitigt werden müssen.

Die alkalische Laugung erfolgt bei Temperaturen von 80° C mittels 3%iger Soda-Bikarbonat-Lösung ($p_H = 9$), wobei das Ausbringen 90% betragen soll. Der Vorteil dieses Verfahrens besteht darin, daß

a) es weitgehend selektiv ist, d. h. vor allem Eisen und Aluminium werden nicht gelöst,

b) die Lösung mehrfach zur Auslaugung frischer Erze benutzt werden kann,

c) die Abwasserbeseitigung auf keine Schwierigkeiten stößt.

Nach der Filtration der Lösungen werden diese weitgehend konzentriert. Beim alkalischen Aufschluß läßt sich durch mehrfache Verwendung der Laugen bereits eine Anreicherung auf 2,5—3 g U_3O_8/l erreichen. Die Reinigung der sauren Uranlösungen erfolgt entweder im Ionenaustauscher (bei diesem Anionenaustauscher ist eine Anreicherung bis 20 g U_3O_8/l möglich) oder mit Hilfe der sog. „Flüssig-Flüssig-Extraktion" durch saure Phosphatester, wobei eine Anreicherung auf etwa 30 g U_3O_8/l möglich ist.

Das Ausfällen des U_3O_8 aus der Lösung erfolgt mit Alkali oder MgO. Der Niederschlag wird getrocknet und enthält danach 70—80% U_3O_8.

Es ist geplant, in Ellweiler lediglich getrocknete U_3O_8-Konzentrate herzustellen. Die Feinreinigung und Weiterverarbeitung wird in anderen Werken geschehen. —ul—

Uranbergbau in Australien

Das größte Uranbergwerk Australiens wurde Ende vergangenen Jahres vom australischen Ministerpräsidenten Menzies bei Mary Kathleen in der Nähe von Mt. Isa in Nordwest-Queensland eingeweiht. Der Abbau des Uranvorkommens in Rum-Jungle in Nordaustralien wurde eingestellt. Mehrere Millionen Tonnen Erz, die dort auf Halde gelegt wurden, sollen jetzt verarbeitet werden. —sch—

Uran in Pakistan

Das Geologische Vermessungsamt Pakistans gab bekannt, daß in einem Teil Chitrals neben Uranerzlagerstätten Eisen-, Kupfer-, Zink- und Antimonvorkommen entdeckt worden sind. —z—

Der chinesische Stahlsieg

STEEL MAKES HISTORY

It took CHINA

353 DAYS

to increase its steel output from 5.35 million tons to 10.73 million tons

(Jan. 1, 1958 - Dec. 19, 1958)

And it took

U.S.A.
7 YEARS to increase its steel output from 5 million tons to 10.81 million tons (1892 - 1899)

Britain
32 YEARS to increase its steel output from 5.11 million tons to 10.02 million tons (1903 - 1935)

Japan
20 YEARS to increase its steel output from 5.22 million tons to 11.11 million tons (1936 - 1956)

Germany
8 YEARS to increase its steel output from 5.09 million tons to 10.06 million tons (1897 - 1905)

France
29 YEARS to increase its steel output from 5.3 million tons to 10.9 million tons (1923 - 1952)

Nebenstehend bringen wir im Original eine interessante Information aus der „Peking Review", Nr. 44, vom 30. 12. 1958:

Die Angaben sind ein Beweis auch für die Erfolge der geologischen Prospektion, die von den breiten Massen und den Fachleuten im Laufe eines Jahres erzielt worden sind.

In der Weltproduktion veränderte sich der Platz der VR China in der Stahlerzeugung wie folgt:

1949 an 24. Stelle
1952 an 18. Stelle
1957 an 9. Stelle
1958 an 7. Stelle

Im Jahre 1943 betrug die höchste Stahlerzeugung 920000 t. Im Jahre 1949 wurden 158000 t erreicht.

Im letzten Jahr vor dem 1. Fünfjahrplan, d. h. 1952, betrug die Stahlerzeugung 1,349 Mio t.

Im letzten Jahr des Fünfjahrplanes, d. h. 1957, betrug die Stahlproduktion 5,3 Mio t.

In 59 Jahren, von 1890 bis zum Jahre 1949, wurden im Lande nur insgesamt 7,6 Mio t Stahl erzeugt.

A. SCHÜLLER, z. Z. Peking

Stahlproduktion / Welt

Die Stahlproduktion des vergangenen Jahres wird nach amerikanischen Angaben auf 297 Mio short tons geschätzt. Der Anteil der amerikanischen Stahlerzeugung ist dabei auf weniger als 30% gesunken. 1957 betrug der Anteil amerikanischer Unternehmen 35% und 1955 nahezu 40% an der gesamten Weltstahlproduktion. Als bemerkenswert wird vor allem der fortlaufende Anstieg der sowjetischen Stahlerzeugung bezeichnet, die 1958 mit etwa 60 Mio t etwa 70% der amerikanischen Produktion erreichte. —z—

Magneteisenvorkommen in Dänemark

In Skagen in Norddänemark wird jetzt eine Fabrik errichtet, die den Magneteisensand der dänischen Küste verarbeiten soll. —sch—

Die Stahlproduktion Jugoslawiens

Die jugoslawische Stahlproduktion hat sich weiter erhöht. Es wird jetzt mit einer jährlichen Zuwachsrate von 11% gerechnet. 1959 soll der geplante Ausbau dieses Industriezweiges durch die Errichtung neuer Eisen- und Stahlwerke abgeschlossen werden. Für 1960 erwartet man folgende Produktionszahlen: 1,03 Mio t Koks, 2,5 Mio t Eisenerz, mehr als 1 Mio t Roheisen, 1,45 Mio t Stahl und etwa 1 Mio t Stahlfertigerzeugnisse. —z—

Neue Eisenerzlagerstätten in Spanien

In der Nähe von Brimeda/Bonillo in der Provinz Leon in Spanien wurden in 100 m Tiefe Eisenerzlagerstätten festgestellt, die sich über ein Gebiet von 14 km² erstrecken sollen. In der Nähe von Cirrales del Vino (Zamora) wurden bedeutende Manganerzvorkommen entdeckt. —sch—

Neues Hüttenwerk in Indien

Eine Kokerei mit einer Jahreskapazität von 1,64 Mio t wurde Ende vergangenen Jahres in Rourkela in Indien in Betrieb genommen. Die Kokerei gehört zu einem im Bau befindlichen Hüttenwerk, das von den westdeutschen Konzernen Krupp-Demag ausgeführt wird.

Bis Mitte dieses Jahres soll das Siemens-Martin-Stahlwerk anlaufen. Insgesamt sind 35 westdeutsche Unternehmen an diesem großen Projekt beteiligt, das eine Rohstahlkapazität von 1 Mio t, eine halbkontinuierliche Breitbandstraße, eine Grobblechstraße sowie ein Kaltwalzwerk zur Herstellung von Karosserie- und Weißblech umfaßt. Zur Errichtung dieser Anlagen mußten 370000 t Materialien und 600000 t Montagegerät von Europa nach Indien gebracht werden. Gleichzeitig mußte ein neues Eisenbahnnetz von 110 km Länge verlegt werden. Die westdeutschen Konzerne sind ebenfalls am Abbau der direkt um Rourkela gelegenen Erzlagerstätten und der 50 km entfernten Kohlevorkommen sowie an der Errichtung eines neuen 75 MW-Kraftwerkes beteiligt. Die gesamten Baukosten werden etwa 1,5 Mrd. DM betragen. —z—

Das Ungava-Eisenerzprojekt

Unter Betätigung westdeutscher Konzerne, wie z. B. Krupp und anderer, ist ein langfristiges Projekt ausgearbeitet worden, um aus Ungava (Labrador) möglichst bald mit den ersten Erzlieferungen zu beginnen.

Die bisher erkundeten Vorräte belaufen sich auf etwa 500 Mio t, doch sind die wahrscheinlichen Vorräte erheblich größer. Das Erz enthält 28—36% Fe und besteht aus Magnetit, Hämatit und Siderit.

Da in der Hudsonstraße die Schiffahrtsperiode nur $2^1/_2$ Monate beträgt, wird jetzt in der Nähe von Godthaab auf Grönland ein Umschlaghafen für die Verschiffung dieser Eisenerze von Nord-Labrador nach Europa ausgebaut. Innerhalb der kurzen Verschiffungsmöglichkeit aus dem Erzgebiet soll eine gesamte Jahresförderung nach dem eisfreien grönländischen Hafen Godthaab transportiert, dort gelagert und dann im Laufe des Jahres nach Rotterdam und von dort mit Flußdampfern in das Ruhrgebiet transportiert werden. E.

Nickelgewinnung

Die Internationale Nickel Company of Canada Ltd. (Inco) hat 1958 mit einer Förderung von 262500 short t einen neuen Höchststand erreicht. Der Nickelverbrauch ist dagegen 1958 gegenüber 1957 von 207500 short t auf etwa 165000 short t zurückgegangen. Hauptgrund dieser Entwicklung ist die Krise in den USA und Kanada. In Großbritannien und auf dem europäischen Kontinent hat sich der Nickelverbrauch nur geringfügig rückläufig entwickelt. Die Nickelgewinnung für das kommende Jahr wird mit 275000 short t angegeben. Bis 1961 sollen weitere Produktionssteigerungen bis auf 325000 short t vorgenommen werden.

—z—

Nutzbarmachung spanischer Bauxitvorkommen

In Barcelona wurde kürzlich eine Versuchsanlage zur Reinigung von Bauxit mit hohem Siliziumgehalt in Betrieb genommen. Spanien besitzt — vor allem um Tarragona und Barcelona — umfangreiche Bauxitvorkommen, deren Abbau sich bisher nicht lohnte, da ihr Siliziumgehalt zu hoch war und ihre Verarbeitung zu Aluminium durch das übliche Bayer-Verfahren daher nicht in Frage kam. Mit einem neuen Verfahren (das Mineral wird dabei auf etwa 1000° C erhitzt und das überflüssige Silizium anschließend in einer Sodalauge herausgelöst) soll eine Möglichkeit gegeben sein, die spanischen Bauxitvorkommen wirtschaftlich zu verwerten.

E.

Steinsalz in der ČSR

Im Gebiet von Presow (Ostslowakei) wurden jetzt umfangreiche Steinsalzvorkommen entdeckt. Diese Lagerstätten sollen den gesamten Bedarf des Landes an Speisesalz und den der tschechoslowakischen chemischen Industrie decken können.

—sch—

Geologische Karte Syriens

Sowjetische Wissenschaftler, die entsprechend einem Hilfsabkommen der UdSSR mit Syrien mit der Herstellung einer geologischen Karte der syrischen Region der VAR beauftragt wurden, haben ihre Studienarbeiten beendet. Sie sind in die SU zurückgekehrt und werden dort die Karte fertigstellen.

Gleichzeitig wird bekannt, daß die bis jetzt erschlossenen Erdölvorkommen in Syrien eine jährliche Förderung von 2 Millionen t ergeben werden. Ein Teil des Öles soll exportiert werden.

—sch—

Wissenschaftliche Zusammenarbeit UdSSR/DDR

In Berlin fanden Ende des vergangenen Jahres Verhandlungen einer Delegation der Akademie der Wissenschaften der UdSSR und einer Delegation der Deutschen Akademie der Wissenschaften zu Berlin über die wissenschaftliche Zusammenarbeit beider Akademien für das Jahr 1959 statt.

Es sind gemeinsame Arbeiten vornehmlich auf dem Gebiet der physikalisch-mathematischen Wissenschaften, der Chemie, Biologie, Geschichte und Literatur vorgesehen. Die Vereinbarungen sollen in erster Linie dem Erfahrungsaustausch und der weiteren Qualifizierung der Wissenschaftler beider Länder dienen.

—z—

Die Bukarester Hochschule für Erdöl und Gas

Vor über 10 Jahren wurde in Bukarest die Hochschule für Erdöl und Erdgas gegründet, die es sich zum Ziel setzte, hochqualifizierte Erdölingenieure auszubilden.

Die Hochschule hat fünf Fakultäten: die Fakultät für technische Geologie, für Ausbeutung der Rohöl- und Erdgasvorkommen, für Technologie und chemische Verarbeitung von Erdöl und Erdgas, für Maschinen und Ausrüstungen der Erdölindustrie und schließlich die Fakultät, die Wirtschaftsingenieure für alle Zweige der Erdölindustrie ausbildet.

Die Tätigkeit dieser höheren technischen Lehranstalt ist ebenso wie ihr Lehrplan den Erfordernissen der Erdölindustrie angepaßt. Für die ersten zwei Studienjahre sieht der Lehrplan allgemeine theoretische Fächer vor, die die Grundlage der Technik im allgemeinen bilden. Das dritte Studienjahr stellt den Übergang zum Spezialfach dar. Es umfaßt das Studium von Fächern wie Hydraulik, organische Chemie, Widerstandslehre, Maschinenteile u. a. Im vierten und fünften Jahrgang werden besondere Fachdisziplinen gelehrt, die mit dem Spezialgebiet der Abteilung in engerer Verbindung sind, wie Geophysik, Sondenbohren, Ausbeutung der Vorkommen, Bau von Maschinen und Ausrüstungen der Erdölindustrie, Technologie des Rohöls, Petrochemie, Wirtschaftsfragen usw. Petrochemie als Lehrfach wurde vor zwei Jahren in den Lehrplan aufgenommen.

Die Hälfte der Studienzeit ist den praktischen Arbeiten in den 31 Laboratorien des Instituts gewidmet. Ferner machen die Studenten jeden Sommer ein Praktikum von 7 bis 9 Wochen in den Erdölbetrieben. Der Lehrgang des Instituts dauert neun Semester. Im zehnten Semester bereitet der Student die Diplomarbeit vor, die die Lösung einer von der Industriepraxis aufgeworfenen Frage zum Inhalt hat.

Die rationelle Ausbeutung der Erdöl- und Erdgasvorkommen, die Technologie des Sondenbohrens, die Vervollkommnung der Erdölausrüstungen, die Technologie der Erdöl- und Erdgasverarbeitung sind einige der bedeutenden Forschungsgebiete, zu deren Entwicklung das Institut mit seinen Arbeiten einen wertvollen Beitrag leistet.

E.

Die Bohrtätigkeit in Frankreich

In Frankreich und den französischen Kolonien hat sich die Bohrtätigkeit im vergangenen Jahr gegenüber 1957 bedeutend erhöht. So wurden die Bohrungen in der Sahara um rund 115%, in Frankreich um 40% und in Zentralafrika um 70% gesteigert.

—z—

Tiefe Aufschlußbohrung

In Pecos County, Texas, hat eine auf die Ellenburger Formation angesetzte Aufschlußbohrung der Phillip Petroleum Co. Ende vergangenen Jahres eine Teufe von 7620 m erreicht. Die Kosten dieser Bohrung werden auf etwa 2 Mio $ geschätzt.

Bc

Plastikrohre für Erdölbohrungen

Der sowjetische Ingenieur KULIKOW machte in der Zeitschrift „Erdölwirtschaft" den Vorschlag, bei Erdölbohrungen Rohre aus Plasten zu verwenden. Mit Ihrer Hilfe sollen unbegrenzte Tiefen erreicht werden können, da die meisten Plasten das gleiche spezifische Gewicht haben, wie die zum Bohren verwendete Spülung, wodurch ihr Gewicht nahezu aufgehoben wird.

—sch—

Feier zu Ehren von Prof. Dr. ERICH LANGE

Aus Anlaß des 70. Geburtstages von Prof. Dr. LANGE fand im Kulturraum der Staatlichen Geologischen Kommission am 9. Januar 1959 eine Feier zu Ehren des Jubilars statt. Der Leiter der Staatlichen Geologischen Kommission, Dipl.-Berging.-Geol. STAMMBERGER, würdigte in einer kurzen Ansprache die großen Verdienste von Prof. ERICH LANGE in seinen bisherigen Arbeitsgebieten als Präsident der Geologischen Landesanstalt Berlin und als Chefredakteur der „Zeitschrift für angewandte Geologie".

Die Grüße und Glückwünsche des Zentralkomitees der Sozialistischen Einheitspartei Deutschlands überbrachte ein Mitarbeiter des ZK. Ihm schlossen sich zahlreiche Gratulanten und Mitarbeiter der Staatlichen Geologischen Kommission, des Zentralen Geologischen Dienstes und aus Freundeskreisen an.

40jähriges Dienstjubiläum

In Würdigung des 40jährigen Dienstjubiläums des Mitarbeiters des Zentralen Geologischen Dienstes der Staatlichen Geologischen Kommission PAUL LORENZ wurde am 28. Februar 1959 im Kulturraum des Dienstgebäudes eine Feier durchgeführt.

Seit 40 Jahren verrichtet der Schlosser PAUL LORENZ als Mitarbeiter der Staatlichen Geologischen Kommission und der früheren Geologischen Landesanstalt seine Tätigkeit. Dem Jubilar wurden seitens der Leitung des Hauses, der Betriebsgewerkschaftsleitung und der Kollegen herzliche Glückwünsche dargebracht.

FSC
www.fsc.org
MIX
Papier | Fördert gute Waldnutzung
FSC® C083411

Zeitfracht Medien GmbH
Ferdinand-Jühlke-Straße 7
99095 Erfurt, Deutschland
produktsicherheit@kolibri360.de